BIORREFINERÍAS
UNA INELUDIBLE OPCIÓN DE FUTURO

https://editorial.ujaen.es/coleccion/ciencias-experimentales-serie-avances-recientes-en-ciencias-experimentales/

BIORREFINERÍAS
UNA INELUDIBLE OPCIÓN DE FUTURO

EDITOR
EULOGIO CASTRO GALIANO

CIENCIAS EXPERIMENTALES Y DE LA SALUD
AVANCES RECIENTES

UJA EDITORIAL

Biorrefinerías, una ineludible opción de futuro / Eulogio Castro Galiano (editor) -- Jaén : Universidad de Jaén, UJA Editorial, 2026.

214 p. ; 17x24 cm - (Ciencias Experimentales y de la Salud. Serie Avances Recientes ; 9)

ISBN 978-84-9159-732-2

1. Petróleo-Refinerías 2. Desarrollo sostenible I. Castro Galiano, Eulogio, ed.lit. II. Título III. Universidad de Jaén. UJA Editorial ed.

665.62:504

Esta obra ha superado la fase previa de evaluación externa realizada por pares mediante el sistema de doble ciego

Colección: Ciencias experimentales y de la salud
Director: Francisco Partal Ureña

Serie: *Avances recientes, 9*

Primera edición, marzo 2026
ISBN: 978-84-9159-732-2
ISBNe: 978-84-9159-733-9
Depósito Legal: J-103-2026

Edita
Universidad de Jaén. UJA Editorial
Vicerrectorado de Cultura
Campus Las Lagunillas, Edificio Biblioteca
23071 Jaén (España)
Teléfono 953 212 355
web: editorial.ujaen.es

UJA EDITORIAL

editorial@ujaen.es

Diseño y maquetación
José Miguel Blanco. www.blancowhite.net

Imprime
Gráficas «La Paz» de Torredonjimeno, S. L.

Impreso en España/*Printed in Spain*

ÍNDICE

Prólogo 11
Definiciones básicas y abreviaturas 15
Resumen (Abstract) 18

C1 INTRODUCCIÓN A LAS BIORREFINERÍAS 21

Resumen
1. ¿Qué es una biorrefinería? 21
2. Importancia en la transición energética 24
3. Historia y evolución de las biorrefinerías 26
4. Tipos de biorrefinerías: biocombustibles, biomateriales y bioquímicos 29
5. Ventajas y desafíos de las biorrefinerías 34
   5.1. Ventajas de las biorrefinerías
   5.2. Desafíos de las biorrefinerías
Conclusiones
Bibliografía

C2 MATERIAS PRIMAS EN BIORREFINERÍAS 43

Resumen
1. Biomasa: origen y tipos 43
   1.1. Panorama general en España.
   1.2. Producción de biomasa en Andalucía
   1.3. Jaén y su potencial: olivar y residuos agroindustriales
2. Biomasas agrícolas 54
3. Biomasas forestales 56
4. Residuos sólidos urbanos, agroindustriales y ganaderos 57
   4.1. Residuos urbanos
   4.2. Residuos agroindustriales
   4.3. Residuos ganaderos
5. Biomasa algal 61
6. Logística de la biomasa y operaciones previas 62
Conclusiones
Bibliografía

C3 TECNOLOGÍAS DE CONVERSIÓN 69

Resumen
1. Introducción a las tecnologías de conversión 69
2. Procesos termoquímicos: gasificación, pirólisis y combustión 70
3. Procesos bioquímicos: fermentación y digestión anaerobia 73
3.1. Transformación de la biomasa a través de la fermentación
3.2. Transformación de la biomasa a través de la digestión anaeróbica
4. Procesos físico-químicos 79
Conclusiones
Bibliografía

C4 PRODUCTOS DE UNA BIORREFINERÍA 83

Resumen
1. Introducción 83
2. Biocombustibles
2.1. Biodiésel
2.2. Bioetanol 86
2.3. Biogás
3. Biomateriales y biopolímeros
4. Químicos verdes y especialidades químicas 95
5. Aplicaciones y mercados emergentes 97
Conclusiones
Bibliografía 99

C5 SOSTENIBILIDAD Y ECONOMÍA CIRCULAR EN BIORREFINERÍAS 105

Resumen
1. Contribución de las biorrefinerías a la sostenibilidad y la economía circular 105
1.1. Empleo de recursos renovables Refuerzo de bioeconomías descentralizadas
1.2. Mitigación del cambio climático Biocombustibles bajos en carbono
1.3. Prevención y control de la contaminación – Biosoluciones más limpias
1.4. Uso de fuentes de biomasa secundarias Cerrando el ciclo del carbono
2. ¿Cómo medimos la sostenibilidad? Ciclo de vida y análisis de impacto 115
2.1. ¿Qué es el Análisis de Ciclo de Vida?
2.2. ¿Cómo se realiza un Análisis de Ciclo de Vida?
2.3. Más allá del impacto ambiental: sostenibilidad social y económica
Conclusiones
Bibliografía

C6 POLÍTICAS Y ESTRATEGIAS EN EUROPA Y ESPAÑA 131

Resumen
1. Estrategias europeas en Bioeconomía y sostenibilidad 133
2. Impacto de la legislación sobre el desarrollo de Biorrefinerías 139
3. Estrategias españolas en Bioeconomía y Sostenibilidad 146
4. Proyectos destacados en España 150
Conclusiones
Bibliografía

C7 BIORREFINERÍAS A NIVEL INTERNACIONAL, EN ESPAÑA, ANDALUCÍA Y JAÉN 159

Resumen
1. Panorama internacional: casos de éxito 159
1.1. Producción de ácido levulínico y sus derivados (GFBiochemicals, Italia)
1.2. Biorrefinería forestal (UPM Biofuels, Finlandia)
1.3. Biorrefinería de microalgas (Algenol, Estados Unidos)
1.4. Biorrefinería integrada para la producción de bioplásticos (NatureWorks, Estados Unidos)
1.5. Biorrefinería de etanol a partir de residuos agrícolas (COXenergy, Estados Unidos)
1.6. Biorrefinería de caña de azúcar (Raízen, Brasil)
1.7. Biorrefinería de celulosa y derivados (Borregaard, Noruega)
2. Panorama general en España 167
3. El desarrollo de las biorrefinerías en Andalucía 173
3.1. Experiencias y proyectos en Andalucía
3.2. Actuaciones en la provincia de Jaén
Conclusiones
Bibliografía

C8 DESAFÍOS Y OPORTUNIDADES DE LAS BIORREFINERÍAS 181

Resumen
1. Introducción 181
2. Debilidades de las biorrefinerías 182
3. Amenazas y barreras al desarrollo de las biorrefinerías 184
4. Fortalezas de las biorrefinerías 187
5. Oportunidades y tendencias para la bioindustria en España 191
6. Matriz DAFO 194
Conclusiones
Bibliografía

C9 FUTURO DE LAS BIORREFINERÍAS 199

Resumen
1. Visión futura de las biorrefinerías y la bioeconomía 199
2. Perspectivas de desarrollo en España 201
2.1. Recursos y potencial de las biorrefinerías en España
2.2. Tecnologías emergentes y modelos de biorrefinería
2.3. Desafíos y barreras para su desarrollo
2.4. Proyecciones y oportunidades de crecimiento
3. Contribución a los Objetivos de Desarrollo Sostenible 207
Conclusiones
Bibliografía

00
PRÓLOGO

Hoy más que nunca, el mundo necesita soluciones sostenibles que puedan responder a los crecientes desafíos ambientales y energéticos. En este sentido, las biorrefinerías representan una opción clave y prometedora. Pero ¿qué es una biorrefinería? En pocas palabras, una biorrefinería es una instalación que permite transformar biomasa, como residuos agrícolas, forestales y otras fuentes renovables, en productos útiles como biocombustibles, materiales y químicos que pueden sustituir a los derivados del petróleo. Este concepto, aunque complejo en sus aspectos técnicos, puede tener un gran impacto en la vida cotidiana, y es precisamente este conocimiento el que buscamos compartir a través de este libro.

Biorrefinerías: una opción ineludible de futuro ha sido concebido con un enfoque divulgativo, dirigido a un público general. Con años de experiencia en el sector, los autores han trabajado para plasmar aquí no solo conocimientos especializados, sino también un lenguaje cercano que permita al lector comprender la relevancia y las posibilidades de las biorrefinerías.

El propósito de este libro va más allá de la simple transmisión de conocimientos técnicos y abarca tres objetivos básicos:

1. Informar al público general sobre el concepto de biorrefinería, sus procesos y productos, haciendo hincapié en sus beneficios para el medio ambiente y la economía.
2. Despertar interés en los desafíos y oportunidades que representan las biorrefinerías en la transición hacia una economía más verde y menos dependiente de los combustibles fósiles.
3. Motivar a la sociedad a apoyar y a las nuevas generaciones a investigar y transferir conocimiento en este campo que puede contribuir de manera significativa a un futuro sostenible.

Los autores de esta obra son miembros del recientemente creado Instituto Interuniversitario de Investigación en Biorrefinerías (I3B), que nace con la misión de impulsar el conocimiento y la innovación en el campo del aprovechamiento sostenible de la biomasa. Actualmente, está integrado por investigadores de las universidades de Jaén, Almería, Granada, Huelva, Málaga y Sevilla. Este libro constituye una obra coral que refleja la rica diversidad de líneas de investigación que desarrollan los integrantes del I3B, abarcando enfoques tan variados como las vías bioquímica y termoquímica, el análisis del ciclo de vida, la sostenibilidad, y otros aspectos clave en la transición hacia modelos energéticos y productivos más sostenibles.

El recorrido comienza explorando el concepto de biorrefinería, su importancia en la transición energética y su evolución histórica, así como los diferentes tipos que existen, centrados en biocombustibles, biomateriales o bioquímicos, sin olvidar sus ventajas y desafíos (capítulo 1). A continuación, se analizan las materias primas utilizadas, desde biomasa agrícola y forestal hasta residuos urbanos y algas, destacando el potencial de regiones como Andalucía y Jaén, donde el olivar y los subproductos agroindustriales desempeñan un papel fundamental (capítulo 2).

Para convertir estas materias primas en productos útiles, se emplean diversas tecnologías, como procesos termoquímicos (gasificación, pirólisis), bioquímicos (fermentación, digestión anaerobia) y físico-químicos, cada uno con sus propias aplicaciones y niveles de eficiencia (capítulo 3). Los resultados de estos procesos incluyen biocombustibles (biodiésel, bioetanol, biogás), biomateriales y químicos verdes, que abren nuevas oportunidades en mercados emergentes y refuerzan la bioeconomía (capítulo 4).

Uno de los aspectos más relevantes de las biorrefinerías es su contribución a la sostenibilidad y la economía circular, ya que promueven el uso de recursos renovables, ayudan a mitigar el cambio climático y reducen residuos. Herramientas como el Análisis de Ciclo de Vida (ACV) permiten evaluar su impacto ambiental, social y económico de manera integral (capítulo 5). Este desarrollo no sería posible sin un marco político adecuado, por lo que se examinan las estrategias europeas y españolas que fomentan la bioeconomía, así como el papel de la legislación en el crecimiento del sector (capítulo 6).

A nivel práctico, el libro presenta casos de éxito internacionales, como los de Italia, Finlandia y Brasil, que demuestran el potencial de las biorrefinerías, junto con ejemplos concretos en España, especialmente en Andalucía y Jaén, donde proyectos locales aprovechan recursos como el olivar para generar productos sostenibles (capítulo 7). Sin embargo, el sector aún enfrenta desafíos, como la competencia con los combustibles fósiles o los altos costes de inversión, aunque también cuenta con fortalezas y oportunidades, como la innovación tecnológica y el apoyo político, tal como se refleja en un análisis DAFO (capítulo 8). No se han dejado de lado los desafíos y barreras que enfrenta el sector. Se analizan los inhibidores generados durante el pretratamiento de la biomasa y su impacto en los procesos fermentativos, así como las estrategias para mitigar sus efectos. Además, se discuten aspectos relacionados con la sostenibilidad y el análisis de ciclo de vida de los productos obtenidos, comparando su huella ambiental con la de productos derivados del petróleo.

El libro cierra con una mirada al futuro, destacando el potencial de las biorrefinerías en España y su alineación con los Objetivos de Desarrollo Sostenible (ODS). Se ofrecen recomendaciones para superar barreras y aprovechar las tendencias emergentes, proyectando un horizonte prometedor para esta industria (capítulo 9).

Con un énfasis especial en las particularidades y oportunidades que ofrece Andalucía, esta obra combina el rigor científico con una perspectiva divulgativa, invitando al lector a explorar las soluciones que las biorrefinerías ofrecen para afrontar los grandes retos medioambientales y económicos de nuestro tiempo. En estas páginas encontrará una visión integradora y comprometida, fruto del esfuerzo colectivo de un equipo multidisciplinar de investigadores.

Esperamos que cada lector, además de una introducción clara y accesible al mundo de las biorrefinerías, identifique esta obra como una fuente de inspiración para valorar y promover estas alternativas sostenibles. Que este libro sea una puerta de entrada al conocimiento y un paso adelante hacia un modelo energético y productivo más respetuoso con nuestro entorno.

DEFINICIONES BÁSICAS Y ABREVIATURAS

Ácido acético. Compuesto orgánico derivado de la biomasa con aplicaciones en la industria química y alimentaria.

Ácido fórmico. Subproducto de la degradación de la biomasa con aplicaciones en la producción de hidrógeno y bioplásticos.

Ácido láctico. Producto de fermentación usado en la fabricación de plásticos biodegradables como el PLA.

Ácido levulínico. Intermediario químico derivado de la biomasa, con potencial en la síntesis de biopolímeros y combustibles.

Ácido succínico. Ácido orgánico producido por fermentación, utilizado en la industria química y de polímeros.

ACV (Análisis de Ciclo de Vida). Evaluación ambiental de productos y procesos desde su producción hasta su fin de vida.

Bacterias ácido-lácticas. Grupo de microorganismos que producen ácido láctico a partir de azúcares.

Biochar. Biocarbón obtenido por pirólisis, usado como enmienda del suelo y para almacenamiento de carbono.

Bioetanol. Etanol producido por fermentación de azúcares de biomasa, utilizado como combustible renovable.

Biohidrógeno. Hidrógeno producido a partir de biomasa por fermentación microbiana o gasificación.

Biogás. Mezcla de metano y CO_2 generada por digestión anaerobia de residuos orgánicos.

Bioplásticos. Polímeros derivados de biomasa, biodegradables o de base biológica.

Bioproductos. Productos químicos, combustibles y materiales obtenidos a partir de biomasa en biorrefinerías.

Bioprocesos. Conjunto de operaciones biotecnológicas para la conversión de biomasa en productos de valor añadido.

Biorreactor. Dispositivo donde se llevan a cabo procesos biotecnológicos controlados, como fermentaciones.

Biorrefinería. Instalación que convierte biomasa en biocombustibles, productos químicos y energía, de manera sostenible.

Biorrefinería integrada. Modelo que combina procesos físicos, químicos y biológicos para maximizar el aprovechamiento de la biomasa.

Biorrefinería lignocelulósica. Biorrefinería especializada en la conversión de biomasa lignocelulósica en bioproductos y biocombustibles.

CCU (Carbon Capture and Utilization). Captura y utilización de carbono. Si se emplea como CCUS, se incluye almacenamiento (*storage*) y sería el conjunto de tecnologías diseñadas para reducir las emisiones de CO_2 provenientes de actividades industriales y de generación de energía.

Celulosa. Polisacárido estructural de las plantas, compuesto por glucosa, y principal fuente de azúcares fermentables en biorrefinerías lignocelulósicas.

Compuestos bioactivos. Sustancias con propiedades beneficiosas, como algunos compuestos fenólicos, extraídas de biomasa.

Destilación. Método de purificación de bioetanol eliminando agua y otros compuestos volátiles.

Digestión anaerobia. Proceso biológico que degrada materia orgánica en ausencia de oxígeno, generando biogás.

Economía circular. Modelo que promueve el reciclaje y valorización de residuos en procesos industriales.

Enzimas lignocelulolíticas. Proteínas que degradan celulosa y hemicelulosa, facilitando su conversión en azúcares fermentables.

Extractos. Fracción de la biomasa vegetal que es extraíble con disolventes d. Puede contener compuestos antioxidantes y bioactivos con aplicaciones en alimentación y farmacia.

Fermentación. Conversión microbiana de azúcares en productos de interés, como etanol, ácidos orgánicos o hidrógeno.

Gas de síntesis. Mezcla de monóxido de carbono e hidrógeno obtenida por gasificación de biomasa. También llamado *syngas*.

Gasificación. Conversión térmica de biomasa en gas de síntesis, rico en hidrógeno y monóxido de carbono.

Hemicelulosa. Polisacárido presente en biomasa vegetal, compuesto por xilosa, arabinosa y otros azúcares, susceptible a hidrólisis.

Hidrólisis enzimática. Proceso que usa enzimas para romper polímeros; por ejemplo la conversión de celulosa y hemicelulosa en azúcares fermentables empleando enzimas.

Inhibidores de fermentación. Compuestos como furfural o ácido acético que interfieren en la fermentación microbiana.

Lignina. Polímero aromático complejo que aporta rigidez a la biomasa y es un subproducto clave en biorrefinerías para generar energía o compuestos químicos.

Microorganismos celulolíticos. Bacterias y hongos capaces de degradar celulosa y hemicelulosa en azúcares.

Nanocelulosa. Celulosa modificada a escala nanométrica, usada en materiales avanzados y biomédicos.

Optimización de bioprocesos. Mejora de parámetros operativos para aumentar el rendimiento de bioproductos en biorrefinerías.

Pirólisis – Descomposición térmica de biomasa en ausencia de oxígeno para obtener bioaceite, gas y biocarbón.

PLA (Ácido Poliláctico). Biopolímero biodegradable derivado del ácido láctico, usado en envases y textiles.

Plataformas. Productos intermedios clave en biorrefinerías, como azúcares C5/C6 o bioaceites, que se pueden transformar en una amplia gama de otros productos de interés.

Pretratamiento. Etapa inicial de la conversión de biomasa, que desestructura lignocelulosa para facilitar la posterior hidrólisis.

Procesos termoquímicos. Métodos de conversión de biomasa mediante calor, como gasificación y pirólisis.

Química verde. Enfoque para el diseño de procesos químicos sostenibles y con menor impacto ambiental.

Residuos agroindustriales. Subproductos de la agricultura y la industria alimentaria aprovechados en biorrefinerías.

Ruta bioquímica. Conversión de biomasa mediante procesos enzimáticos o microbianos, como fermentación o hidrólisis enzimática.

Ruta termoquímica. Transformación de biomasa por métodos térmicos como pirólisis o gasificación.

***Saccharomyces cerevisiae*.** Levadura modelo usada en la fermentación de azúcares para producir etanol.

Sostenibilidad en biorrefinerías. Estrategias para minimizar el impacto ambiental en la producción de bioproductos.

Valorización de residuos. Conversión de desechos en productos con valor añadido, como biocombustibles o bioquímicos.

Xilosa. Azúcar de cinco carbonos presente en la hemicelulosa, clave en la fermentación para producir biocombustibles.

ABSTRACT

The book offers a comprehensive look at the role of biorefineries in the transition towards a sustainable and circular bioeconomy. It begins by introducing biorefineries as facilities capable of transforming biomass into energy and high added-value products through integrated processes, reviewing their historical development and the main technological classifications. It then describes the various biomass types (lignocellulosic, oliseed, sugar, algal) and their availability in Spain, highlighting the potential of agricultural waste, especially olive-derived biomass in Andalusia. The main conversion routes (thermochemical, biochemical and physicochemical) are analyzed in detail, covering processes such as fermentation, pyrolysis, and gasification.

The book explores the derived products (advanced biofuels, bioplastics, biogas, green chemicals) and their contribution to reducing dependence, and CO_2 emissions. It also emphasizes the economic and environmental opportunities biorefineries offer, alongside their technical, regulatory, and financial challenges. European and Spanish policies and strategies (such as the European Green Deal and Spain Circular 2030 Strategy) are reviewed as key drivers of development, and international and national success cases are presented as evidence of feasibility. A final SWOT analysis identifies strengths, weaknesses, threats, and opportunities, underlining Spain's strategic position due to its abundant residual biomass and scientific capabilities.

The text concludes that the development of biorefineries will advance multiple Sustainable Development Goals (SDGs), including affordable and clean energy, responsible production, and climate action, provided that supportive policies, R&D investment, and social awareness are strengthened.

Keywords:
Biorefineries, biomass, circular economy, biofuels, bioplastics, sustainability, thermochemical conversion, Sustainable Development Goals.

RESUMEN

El libro aborda de manera integral el papel de las biorrefinerías en la transición hacia una bioeconomía sostenible y circular. Comienza introduciendo el concepto de biorrefinería como una instalación capaz de transformar biomasa en energía y productos de alto valor añadido mediante procesos integrados, revisando su evolución histórica y las principales tipologías tecnológicas. A continuación, se describen los diferentes tipos de biomasa (lignocelulósica, oleaginosa, azucarada, algal) y su disponibilidad en España, destacando el potencial de los residuos agrícolas, especialmente del olivar en Andalucía. Se analizan las principales rutas de conversión (termoquímica, bioquímica y físico-química), detallando procesos como la fermentación, la pirólisis y la gasificación.

El libro explora los productos derivados (biocombustibles avanzados, bioplásticos, biogás, químicos verdes) y su contribución para reducir la dependencia de los recursos fósiles y las emisiones de CO_2. Asimismo, se destacan las oportunidades económicas y ambientales que ofrecen las biorrefinerías, junto a sus desafíos técnicos, regulatorios y financieros. Se revisan políticas y estrategias europeas y españolas (como el Pacto Verde y la Estrategia España Circular 2030) que promueven su desarrollo, y se exponen casos de éxito internacionales y nacionales que demuestran su viabilidad. El análisis DAFO final identifica fortalezas, debilidades, amenazas y oportunidades, subrayando el papel estratégico de España por su abundante biomasa residual y capacidades científicas.

El texto concluye que el desarrollo de biorrefinerías permitirá avanzar en múltiples Objetivos de Desarrollo Sostenible (ODS), como la energía asequible y limpia, la producción responsable y la acción climática, siempre que se refuercen las políticas de apoyo, la inversión en I+D+i y la sensibilización social.

Palabras clave:
Biorrefinerías, biomasa, economía circular, biocombustibles, bioplásticos, sostenibilidad, conversión termoquímica, Objetivos de Desarrollo Sostenible.

RESUMEN

El capítulo aborda la biomasa como materia prima esencial de las biorrefinerías, describiendo su origen, tipos y clasificación según su procedencia (primaria, secundaria, terciaria) y su composición (azucaradas, amiláceas, lignocelulósicas y oleaginosas). Se analizan los principales recursos en España y Andalucía, destacando el potencial del olivar en Jaén, cuyos residuos —alperujo, hueso y hojín— ofrecen oportunidades de valorización. Además, se describen otras biomasas agrícolas y forestales, sus características y volúmenes generados, y se exploran residuos urbanos, agroindustriales y ganaderos como fuentes complementarias. Se dedica atención a la biomasa algal por su potencial futuro, aunque persisten retos técnicos y económicos. Finalmente, se exponen los aspectos logísticos clave: recolección, transporte, almacenamiento y operaciones previas (triturado, secado, molienda, densificación) imprescindibles para preparar la biomasa antes de su conversión en la biorrefinería.

01
INTRODUCCIÓN A LAS BIORREFINERÍAS

Carlos Vílchez Lobato[1]
María Cuaresma Franco[1]
María del Carmen Ruz Domínguez[1]

1. QUÉ ES UNA BIORREFINERÍA

El término "biorrefinería" es amplio y complejo y su definición depende del contexto en el que se utilice. Sin embargo, existen dos definiciones que destacan sobre el resto por ser las más ampliamente utilizadas:

- La Agencia Internacional de la Energía (IEA) define una biorrefinería como una instalación dedicada al "procesamiento sostenible de la biomasa en una gama de productos comercializables y energía" - *IEA Bioenergy Task 42* - (IEA Bioenergy, 2009).
- El Laboratorio Nacional de Energías Renovables de los Estados Unidos (NREL) la define como "una instalación que integra procesos y equipos de conversión de biomasa para producir combustibles, energía y productos químicos" (NREL, 2011).

1. Universidad de Huelva.

Ambas definiciones incluyen el término biomasa, que a su vez hace referencia a cualquier material de origen biológico. En el capítulo 2, desarrollaremos el concepto de biomasa con mayor extensión.

En la segunda definición de biorrefinería, se puede observar una analogía con una refinería de petróleo, capaz de producir múltiples combustibles y productos derivados del petróleo (Figura 1.1). Y aunque la energía parece ser uno de los motores principales en la aparición y desarrollo de este nuevo tipo de refinería, la existencia de procesos cada vez más sofisticados e integrados conducentes a la obtención de nuevos productos de alto valor añadido ha permitido el desarrollo de biorrefinerías en sectores emergentes como la alimentación humana y animal, además de la tradicional producción de químicos y materiales de bajo valor —pero alto volumen de producción— típica de las petro-refinerías (Clark y Deswarte, 2015).

En términos generales, las diferentes definiciones de biorrefinería

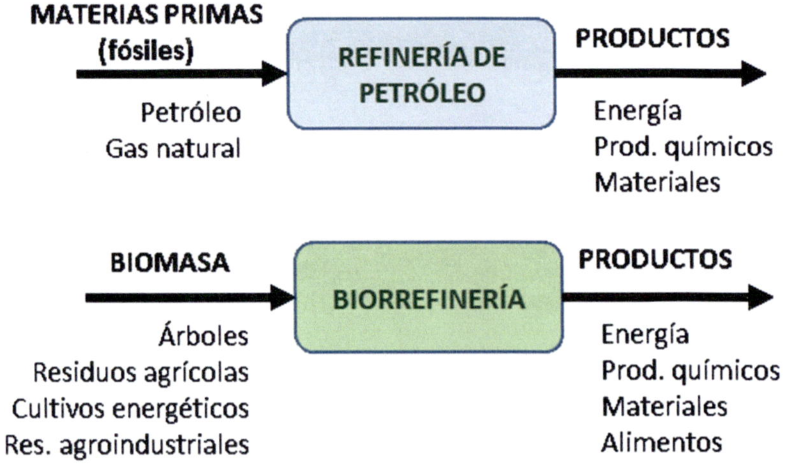

FIGURA 1.1.
Equivalencia entre la refinería convencional y la biorrefinería.

subrayan la capacidad de estas para abordar simultáneamente desafíos ambientales y económicos mediante el aprovechamiento completo de la biomasa, así como su capacidad para producir una amplia gama de productos que incluyen combustibles, materiales, productos químicos, electricidad y calor, minimizándose residuos (Clark y Deswarte, 2015). En este sentido, los residuos del proceso pueden ser usados a su vez para obtener energía y/o calor, la cual puede ser usada en el propio proceso o vendida. Además, algunos residuos (en este caso, coproductos) pueden ser valorizados después de un tratamiento apropiado, lo cual propicia el reciclaje y la reconversión de los mismos, permitiendo el desarrollo de una economía basada en el reciclaje y en recursos renovables, la bioeconomía (Ferreira, 2017). En el capítulo 6 se recogen más detalles sobre este modelo económico.

El uso de recursos considerados renovables, como la biomasa, permitiría por tanto una transición industrial y económica hacia la sostenibilidad. El concepto biorrefinería va más allá del empleo de procesos de conversión tradicionales, siendo destacable el papel de la innovación tecnológica como motor disruptor en este campo. Así, un aspecto distintivo de las biorrefinerías es su capacidad para integrarse con industrias existentes, mejorando la eficiencia energética y la viabilidad económica, a la vez que permitan la transición hacia una industria más sostenible (Berntsson *et al.*, 2012).

Hay que entender el concepto de biorrefinería, por tanto, desde un punto de vista más amplio, trascendiendo más allá de la mera conversión o aprovechamiento de la biomasa, y dentro de un marco flexible que permita integrar procesos y abogue por el uso de enfoques tecnológicos e industriales novedosos, maximizando el valor económico y ambiental de la biomasa, a la vez que se permita adaptar el modelo a necesidades locales y globales. Todo ello en un contexto que promueve la transición hacia una bioeconomía sostenible.

Según el *Manual sobre las Biorrefinerías en España*, editado por Bioplat y SusChem (2017), los elementos principales de una biorrefinería son cuatro: materias primas, plataformas, procesos y productos (Tabla 1.1).

TABLA 1.1.
Elementos principales de una biorrefinería.

Materias primas	• Cultivos (alcoholígenos, aromáticos, lignocelulósicos, oleaginosos, algas). • Residuos agrícolas. • Aprovechamientos y residuos forestales. • Biomasas ganaderas. • Biomasas industriales.
Plataformas	• Plataforma de aceites vegetales y lípidos. • Plataforma de lignocelulosa. • Plataforma de azúcares. • Plataforma de proteínas. • Plataforma de biogás. • Plataforma de gas de síntesis.
Procesos	• Físicos, incluidos los procesos mecánicos. • Termoquímicos. • Químicos. • Biotecnológicos.
Productos	• Bioenergía (biocombustibles, calor, electricidad). • Bioproductos (productos químicos, materiales, alimentos, piensos).

2. IMPORTANCIA EN LA TRANSICIÓN ENERGÉTICA

La sociedad actual muestra en las últimas décadas una preocupación creciente por los temas medioambientales y la sostenibilidad, motivada en gran parte por la fuerte dependencia de combustibles fósiles, en su mayoría derivados del petróleo. Esto se ha convertido a su vez en un punto de debate en la política mundial, siendo necesario implementar soluciones nuevas y alternativas que permitan generar energía renovable, mejorando la eficiencia en la producción y el uso de energía, aumentando la seguridad del suministro, y mejorando la diversificación de las fuentes primarias de energía. La biomasa, considerada como una de estas nuevas fuentes de energía, permitiría contribuir a la reducción de la dependencia de los combustibles fósiles y la mitigación de los efectos negativos ambientales (Comisión Europea, 2005).

Esta preocupación por la diversificación de las fuentes de energía, que complementen o sean alternativa de fuentes fósiles como el petróleo, gas, carbón y fósforo, el problema mundial del cambio climático y la preocupante producción de gases de efecto invernadero, junto con la necesidad de estimular el desarrollo regional y rural, se erigen como razones conducentes al éxito de una economía de base biológica o bioeconomía. No obstante, las biorrefinerías han de ser altamente eficientes desde el punto de vista energético y hacer uso principalmente de procesos de producción de residuo cero, donde los productos de "desecho" se consideren coproductos y puedan ser revalorizados o utilizados en procesos de conversión (Ferreira, 2017). Esta transición sociotecnológica hacia la bioeconomía, a pesar de su novedad, no deja de presentar cierta controversia, especialmente en lo que a su propia definición concierne. Así, podemos hablar de tres tipos de bioeconomía:

- i) una economía ecológica compatible con la capacidad de la biosfera,
- ii) una economía basada en la ciencia e impulsada por la biotecnología industrial,
- iii) una economía basada en la biomasa (*biomass-based*).

Como elemento clave para el desarrollo de las biorrefinerías, la biomasa presenta unas características que se muestran en la Tabla 1.2.

Según el informe Joint European Biorefinery Vision for 2030, se estima que el 30 % de la producción química total en 2030 será de origen biológico —pudiendo ser superior al 50 % en el caso de químicos y polímeros de alto valor añadido—; que el 25 % de la energía usada en el transporte procederá de biocarburantes; y que el 30 % del calor y la electricidad derivará de la biomasa (Clark y Deswarte, 2015). Esta proyección deja claro el importante papel que las biorrefinerías tendrán en un futuro inmediato, pero para que su papel sea el esperado es necesario que las mismas tengan como eje conductor la sostenibilidad en todo su amplio espectro: ambiental, económico y social. Así, como se ha comentado previamente, han de ser

TABLA 1.2.

Resumen del papel de la biomasa en la transición energética y su sostenibilidad.

Aspecto	Resumen
Contribución de la biomasa	• Suministra aproximadamente el 14 % del consumo de energía primaria en países desarrollados.
Importancia	• Recurso clave en la transición energética.
Limitaciones	• Su uso para energía debe equilibrarse con la producción de biomasa para alimentación.
Optimización	• Es necesario aprovechar todos los elementos de la biomasa y reutilizar productos y desechos.
Eficiencia energética	• Se debe favorecer la producción de energía que impulse el propio proceso.
Rol de la ciencia	• La biología, química, física e ingeniería son clave para nuevas industrias y sinergias.
Impacto ambiental	• Métodos y técnicas deben minimizar el impacto ambiental.
Sostenibilidad	• No basta con usar materias primas sostenibles; los procesos también deben ser ecológicos.

tenidas en cuenta las posibles consecuencias derivadas de la competición del uso final de la biomasa —alimentación versus industria—, el impacto en el uso y calidad del agua, los cambios en el uso y calidad del suelo, la emisión neta de gases de efecto invernadero, el impacto en la biodiversidad, los riesgos toxicológicos potenciales, y la eficiencia energética. Sin olvidar además el impacto que los mismos puedan tener a nivel regional o internacional sobre los consumidores finales o los propios inversores (Bioenergy, 2009). En este sentido, se ha de ser consciente de que la eficacia de esta transición pasa además por la superación de ciertas barreas, como las identificadas y analizadas en el estudio llevado a cabo por la Comisión Europea: EU Biorefinery Outlook to 2030. Por ejemplo, algunas barreras serían: la baja predisposición del consumidor a pagar más por productos bioderivados, las ventajas regulatorias para las fuentes actuales de energía, los mayores costes de producción esperados —especialmente en industrias emergentes—, o las dificultades para integrar bioprocesos con procesos industriales actuales, entre otras. Sin embargo, a pesar de estas barreras, las biorrefinerías se posicionan como nodos estratégicos para alcanzar los objetivos de descarbonización establecidos en acuerdos internacionales como el Acuerdo de París de 2016.

A través de la innovación tecnológica, se están desarrollando métodos más eficientes y sostenibles para procesar la biomasa, como la digestión anaerobia, la fermentación y la pirólisis. Estas tecnologías no solo permiten una mayor eficiencia energética, sino que también ofrecen soluciones para la gestión de residuos y la captura de carbono. Además, la integración de biorrefinerías en las cadenas de suministro energéticas, complementando otras fuentes renovables como la solar y la eólica, podría proporcionar un suministro de energía estable y almacenable que puede ser crucial. Por todo ello, la capacidad para transformar biomasa renovable en energía, combustibles y productos de alto valor añadido no solo reduce la dependencia de los recursos fósiles, sino que también impulsa la economía circular que los residuos y subproductos generados se reutilicen dentro del sistema, reduciendo desechos y emisiones, y promueve el desarrollo regional. Así, mediante la integración de tecnologías avanzadas y su vinculación con otras estrategias energéticas, como la captura de carbono y el uso del hidrógeno, las biorrefinerías ofrecen soluciones versátiles y efectivas para enfrentar los desafíos energéticos actuales. Es decir, las biorrefinerías no solo deben centrarse en la producción de biocombustibles, bioplásticos y bioquímicos de alto valor, sino que también deben garantizar procesos sostenibles que minimicen el impacto ambiental y maximicen la eficiencia de los recursos. Además, la integración de tecnologías limpias, como el uso de fuentes de energía renovables y procesos de conversión de baja huella de carbono, es clave para garantizar su viabilidad a largo plazo. La optimización del uso del agua y la reducción de productos químicos tóxicos también son esenciales para evitar efectos negativos en el medio ambiente. Finalmente, las biorrefinerías deben contribuir al desarrollo social y económico, promoviendo la generación de empleo y fortaleciendo cadenas de valor locales que impulsen una bioeconomía sostenible y competitiva.

En consecuencia, la investigación en el campo de las biorrefinerías ha de permitir el desarrollo de nuevas tecnologías y la creación de procesos, productos y tecnologías novedosos que garanticen la conversión de grandes partes de la economía/industria mundial en una empresa sostenible de base biológica donde la bioenergía, los biocombustibles y los bioproductos sean considerados los pilares y la biorrefinería la base (Kamm *et al.,* 2005).

3. HISTORIA Y EVOLUCIÓN DE LAS BIORREFINERÍAS

Las biorrefinerías han evolucionado a lo largo de la historia como una respuesta a la necesidad de aprovechar de manera eficiente los recursos biológicos, minimizando el impacto ambiental y reduciendo la dependencia de los combustibles fósiles. Como ejemplo ilustrativo de la evolución de las biorrefinerías, la Figura 1.2 muestra algunos de los principales hitos en su desarrollo hasta nuestros días.

Sus antecedentes pueden rastrearse hasta procesos ancestrales, como la obtención de aceites vegetales, la fermentación para producir cerveza y vino y el aprovechamiento de la celulosa para fabricar papel, una técnica que ya se empleaba en China alrededor del año 100 d.C.

El desarrollo industrial en Europa durante los siglos XVIII y XIX trajo consigo innovaciones clave en el uso de biomasa. En 1840, en Holanda, se impulsó la producción de fécula de patata, un producto que posteriormente se emplearía en la fabricación de biopolímeros. En Alemania, la extracción de azúcar de remolacha se convirtió en un proceso fundamental, proporcionando una base para la producción de bioetanol. Estas aplicaciones marcaron el inicio de la transformación de la biomasa en productos industriales, sentando las bases para las biorrefinerías modernas.

Algunos de los primeros métodos industriales de conversión de biomasa se basaron en métodos termoquímicos, con antecedentes que datan de los siglos XVIII y XIX. En particular, la pirólisis de la madera, proceso termoquímico que descompone dicha materia orgánica mediante calentamiento (a partir de 200° C) y en ausencia de oxígeno, fue ampliamente utilizada para obtener productos como metanol, ácido acético, alquitrán y carbón vegetal, que sirvieron como materias primas de procesos de las industrias química, metalúrgica y farmacéutica, emergentes en Europa en dicho periodo. A mediados del siglo XIX, se estima que más del 90 % del ácido acético producido en Alemania ya provenía de la destilación seca de la madera (Ronsse *et al.*, 2013). Si bien estos procesos termoquímicos podrían considerarse rudimentarios en comparación con las tecnologías empleadas actualmente, representan los primeros antecedentes de las biorrefinerías modernas, pues perseguían la valorización de la biomasa lignocelulósica. Su evolución propició el desarrollo posterior de tecnologías avanzadas como la pirólisis rápida, la gasificación y la licuefacción hidrotérmica (Tripathi *et al.*, 2016).

El proceso Kraft, desarrollado a finales del siglo XIX y adaptado industrialmente en el siglo XX, es el método más extendido para la producción de pasta de celulosa a partir de biomasa leñosa. El proceso industrial se basa en la cocción alcalina de la biomasa en hidróxido de sodio y sulfuro de sodio, a 150–170 °C, lográndose de este modo disolver selectivamente la lignina, así como parte de la hemicelulosa. Así se recuperan fibras de celulosa, que presentan una elevada resistencia mecánica. Este proceso revolucionó la industria papelera y representó un precedente fundamental en el aprovechamiento de la biomasa lignocelulósica. La lignina disuelta, muy rica en compuestos aromáticos, es actualmente una materia prima estratégica para procesos de biorrefinería, gracias a su abundancia. En las plantas modernas del tipo Kraft se producen más de 50 millones de toneladas anuales de lignina, material que podría ser utilizado como materia prima para la obtención de productos químicos de valor añadido (Argyropouloa *et al.*, 2023).

A principios del siglo XX, el interés por los biocombustibles cobró relevancia con los experimentos de Rudolf Diesel y Henry Ford, quienes exploraron el uso del aceite vegetal y el etanol como alternativas a los combustibles fósiles. Sin embargo, con el auge del petróleo, estos desarrollos quedaron relegados hasta la crisis energética de los años 70, cuando la necesidad de diversificar las fuentes de energía renovó el interés en la biomasa como recurso estratégico.

El concepto moderno de biorrefinería comenzó a consolidarse en el siglo XXI, con un enfoque en la valorización integral de la biomasa. En esta etapa, se diversificaron los productos derivados de estos procesos, incluyendo biocombustibles avanzados, bioplásticos, bioquímicos industriales y biofertilizantes. La búsqueda de alternativas más sostenibles llevó al desarrollo de tecnologías para la producción de biocombustibles de segunda generación, como el bioetanol celulósico y el biodiésel a partir de aceites reciclados. Además, el auge de las microalgas como materia prima renovable se consolidó gracias a estudios como el de Chisti en 2007, que destacaron su potencial en la producción de biocombustibles.

En los últimos años, las biorrefinerías han evolucionado para abarcar no solo la producción de combustibles, sino también la generación de bioproductos de alto valor añadido en sectores como la salud, la cosmética, la alimentación y la química industrial. Su desarrollo se ha alineado con los principios de la bioeconomía y la economía circular, promoviendo la utilización eficiente de los residuos y subproductos generados durante el proceso. Además, la integración de herramientas de inteligencia artificial ha permitido optimizar el control de los procesos, mejorando la eficiencia y la sostenibilidad de las operaciones.

Figura 1.2.

Cronología del desarrollo de las biorrefinerías: hitos de su aplicación y algunos de los principales logros alcanzados en el desarrollo de las biorrefinerías.

La evolución histórica de las biorrefinerías muestra su papel fundamental en la transición hacia un modelo energético más sostenible. Desde sus antecedentes en la transformación de biomasa en productos básicos hasta su consolidación como una alternativa viable a la industria basada en combustibles fósiles, las biorrefinerías han demostrado ser una pieza clave en el desarrollo de la bioeconomía y en la lucha contra el cambio climático.

Por ello, las biorrefinerías se han situado en la frontera de la transformación y aprovechamiento de todo tipo de materias primas basadas en la biomasa, dando lugar a la cristalización industrial del concepto de biorrefinería como una analogía con las refinerías petroquímicas, pero utilizando biomasa como materia prima principal. Los avances en biotecnología, química verde y tecnología de procesos han alimentado la consolidación de las biorrefinerías y un nuevo marco socioeconómico que incluye la bioeconomía, que actualmente inspira las estrategias de desarrollo industrial en Europa.

4 TIPOS DE BIORREFINERÍAS: BIOCOMBUSTIBLES, BIOMATERIALES Y BIOQUÍMICOS

Como ya se ha ido describiendo a lo largo de este capítulo, las biorrefinerías se clasifican según numerosos criterios, desde los modelos convencionales con solo la obtención de un producto principal, hasta el fraccionamiento de la biomasa generando varios productos de valor. También pueden clasificarse según la tecnología implementada, la materia prima empleada, y/o el tamaño de la propia biorrefinería (Aristizábal-Marulanda y Alzate, 2019; Kamm y Kamm, 2004). Como se observa en la Figura 1.3, una de las clasificaciones más generalizadas descrita por Kamm y Kamm (2004) y en la que se fundamentan numerosos autores (Aristizábal-Marulanda y Alzate, 2019; Calvo-Flores y Martin-Martínez, 2022) es la que se basa en el número de materia prima procesada y de productos generados.

Comúnmente las biorrefinerías se clasifican de la siguiente manera:

- **Biorrefinerías de fase I**, dirigidas a la obtención de energía (y/o biocombustibles). Utilizan un único material como materia prima para obtener un producto principal, la producción de energía. Esta materia prima puede ser de diferente naturaleza, desde cultivos con finalidad energética y no alimentaria (Ahamed, Boddula y Rezakazemi, 2021), macroalgas o microalgas (Konur, 2021), hasta residuos de biomasa o subproductos industriales que presenten un potencial energético considerable (Cherubini *et al.*, 2009). Son biorrefinerías con poca flexibilidad en los procesos, por tanto, han sido de los primeros sistemas implementados industrialmente. De acuerdo con la Directiva de la Comunidad Europea “On the promotion of the use of biofuels”, se considera como biocombustible o biocarburante a productos tales como

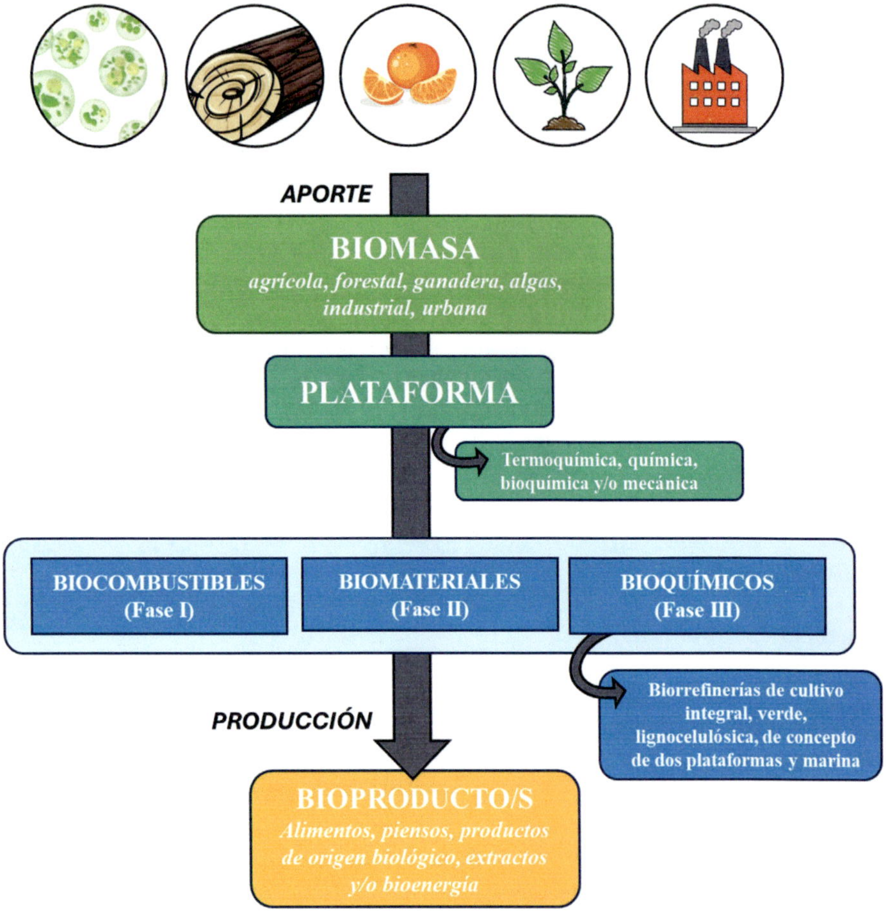

FIGURA 1.3.
Tipos de biorrefinerías basado en la publicación de Kamm y Kamm (2004).

bioetanol, biodiésel, biogás, biometanol, biodimetiléter, bioetilterbutiléter a base de bioetanol, biometilterbutiléter a base de biometanol, biohidrógeno, o el aceite vegetal puro (Kamm y Kamm, 2004). Todos ellos van de la mano para dar cumplimiento al Objetivo 55 (*Fit for 55*), del Pacto Verde de la Comisión Europea aprobado en 2020, cuyo objetivo es la reducción de las emisiones en al menos el 55 % para 2030 en comparación con 1990, buscando así la neutralidad climática en Europa para el 2050. El paquete de medidas propuesto tiene por objeto adaptar la legislación de la UE al objetivo de 2030 (Erbach y Jensen, 2022) y, por tanto, la producción de biocombustible a través de biorrefinerías es fundamental para dar cumplimiento a este objetivo.

- **Biorrefinerías de fase II**, se estructuran sobre la base de un conjunto de procesos destinados a obtener diversos productos, incluyendo materiales, a partir de una única materia prima. Por ejemplo, procesar granos (cereal) para producir etanol y dióxido de carbono (Kamm y Kamm, 2004), o en la industria del azúcar la producción además de proteínas, enzimas, ácidos orgánicos, aminoácidos, etanol y electricidad, entre otras (Kamm y Kamm, 2004; Ragauskas *et al.,* 2006).

- **Biorrefinerías de fase III,** por último, son biorrefinerías dirigidas a la producción de bioquímicos. Son las más actuales ya que producen múltiples tipos de productos a partir de una mezcla de materias primas o tipos de biomasa. Al ser biorrefinerías más desarrolladas utilizan diversas tecnologías de procesamiento (Fernando *et al.,* 2006). Ejemplo de ellas es el caso de las biorrefinerías de algas, donde pueden ser utilizados, por ejemplo, efluentes de residuos agrícolas, orgánicos, para producir compuestos de valor con diferentes aplicaciones (alimentación, nutracéutica, farmacéutica, energética, etc.) a partir de las microalgas, por lo que podrían considerarse como pequeñas grandes factorías (Chandra *et al.,* 2019).

La clasificación e integración del concepto de biorrefinería va de la mano con el concepto de plataforma (ver Figura 1.1). Esto es esencial, pues representa el vínculo entre la materia prima y el producto final, también llamado bioproducto (o producto biobasado), constituyéndose como uno de los aspectos más importantes en las biorrefinerías. Según la tecnología utilizada en la conversión de biomasa, las biorrefinerías implementan, de manera resumida, dos tipos principales de plataformas que pueden usarse de forma individual o combinada. Son las llamadas plataformas termoquímicas y plataformas biotecnológicas o bioquímicas (Calvo-Flores y Martin-Martínez, 2022). Otros autores, prefieren clasificarlas de manera más específica como plataformas termoquímicas, químicas, bioquímicas, biológicas, mecánicas y/o físicas (Aristizábal-Marulanda y Alzate, 2019; Kamm y Kamm, 2004). La Tabla 1.3 resume las tecnologías más empleadas en las plataformas junto con algunos ejemplos actuales.

Teniendo en cuenta la clasificación mostrada anteriormente, las biorrefinerías de fase I utilizan procesos simples de conversión a bioproductos. Sin embargo, las biorrefinerías de fase II y fase III implementan múltiples procesos en la transformación a bioproductos (Clark y Deswarte, 2015). Aunque es importante remarcar que las biorrefinerías de fase I podrían convertirse en biorrefinerías de fase II si se pudieran identificar métodos para mejorar las diversas corrientes secundarias. Por ejemplo, una planta de procesamiento de biodiésel de fase I podría convertirse en una biorrefinería de fase II si en la operación los subproductos como el glicerol (crudo) pudieran transformarse en otros productos energéticos y/o químicos valiosos.

Las biorrefinerías más actuales, como son las de fase III, por resultar en una gran diversidad de productos, presentan un alto grado de

TABLA 1.3.
Ejemplos de procesos de conversión presentes en las diferentes plataformas para la generación de bioproductos.

Plataforma	Tecnología	Resumen
Termoquímica	Gasificación	Tratamiento de biomasa forestal, césped o cultivos oleaginosos para la producción de bioaceites y/o biocarbón.
	Pirólisis	
Química	Transesterificación	Cultivos oleaginosos o aceites reutilizados (ricos en ácidos grasos) para obtener productos químicos básicos como monómeros funcionales, lubricantes, tensioactivos y biodiesel.
	Hidrólisis	Cultivos ricos en almidón y azúcares para la producción de etanol.
Bioquímica/ Biológica	Fermentación	Hidrolizados de algas para la producción de muchos subproductos, como glicerol, ácidos orgánicos (acetato, succinato), proteína de biomasa y otros productos menores.
	Digestión anaerobia	Cultivos ricos en almidón y azúcares para la producción de biometano o gas de síntesis.
Mecánicas/ Físicas	Fluidos supercríticos	Es necesario aprovechar todos los elementos de la biomasa y reutilizar productos y desechos.

flexibilidad ante las cambiantes demandas del mercado (un subproducto actual podría convertirse en un producto clave en el futuro), lo cual brinda a este tipo de biorrefinerías opciones para lograr rentabilidad y maximizar los retornos (Kamm y Kamm, 2004). Como se define en la Figura 1.1, existen diferentes sistemas (según las plataformas que emplean) donde se pueden subclasificar las biorrefinerías de fase III, siendo las más destacadas: biorrefinería de cultivo completo, biorrefinería verde, biorrefinería de dos plataformas y biorrefinería marina y biorrefinería de materia prima lignocelulósica (Clark y Deswarte, 2015; Kamm y Kamm, 2004), que se describen a continuación.

En el caso concreto de la biorrefinería para obtención de biodiésel, busca mejorar la solidez económica utilizando ácidos grasos, sus ésteres y glicerol de cultivos oleaginosos para obtener productos químicos básicos como monómeros funcionales, lubricantes y tensioactivos (Abraham y Höfer, 2012). La tecnología conocida para la biorrefinería de biomasa de granos de cereales permite la separación de almidón, celulosa, proteínas, y alcohol por fermentación. Los residuos del proceso fermentativo pueden ser valorizados como alimento animal para gatos y para ganado porcino, según la fracción usada. El material lignocelulósico puede destinarse a su refino en biorrefinerías específicas.

Los océanos, los mares y los ríos contienen una ingente diversidad de recursos que pueden producirse masivamente de forma sistemática y controlada en tierra y que incluye microalgas, macroalgas, cianobacterias y haloarqueas, entre otros organismos. El verdadero potencial de dicha biomasa para la obtención de productos de valor a través de procesos de biorrefinería (*biorrefinería marina*) está aún por determinar, si bien ya existen en el mercado productos procedentes de la biorrefinería de microalgas, ricos en carotenoides (por ejemplo, β-caroteno, astaxantina), ácidos grasos poliinsaturados (por ejemplo, DHA) e hidrolizados de proteína para biofertilización (Okeke *et al.*, 2022). También algunas especies de macroalgas son valiosas para obtener biomateriales, bioproductos y bioenergía, estando España, Francia e Irlanda a la cabeza europea de países con instalaciones a gran escala de producción sistemática de macroalgas (Kostas *et al.*, 2021). En el caso de las biorrefinerías de algas, estas tienen ventajas versus otras plantaciones, las cuales se pueden resumir a continuación:

- Su producción no requiere ocupar superficie destinada a la producción de alimentos.
- Crecen debido a moléculas y especies químicas presentes en el propio medio natural (CO2, nitrógeno inorgánico, sulfato, fosfato, cationes metálicos, agua) y el sol basta como fuente de energía impulsora de sus procesos vitales.
- El cultivo de estas "microfactorías celulares" puede sistematizarse con un notable nivel de control, y sus productividades —factor clave analizado en la citada revisión de Chisti (2007)— se elevan hasta, al menos, un orden de magnitud por encima de las obtenidas en cultivos tradicionales de plantas oleaginosas (palma, colza, jatrofa, etc).
- Sintetizan moléculas de valor para aplicaciones en los ámbitos de la salud, la cosmética, la alimentación animal (y humana) y la química, entre otros. El potencial aprovechamiento de fracciones de la biomasa algal distinta de la destinada a biocombustibles, y la facilidad para la producción de dicha biomasa, reutilizando agua depurada y nutrientes procedentes de corrientes de subproductos de numerosas industrias (principalmente del sector agroalimentario), han convertido a las microalgas en un recurso renovable cuya producción masiva se alinea con los principios de la economía circular.

Por otro lado, en países ricos en pastizales (centro y norte de Europa), la hierba verde es una materia prima que está siendo explorada en la última década como fuente de productos para diversos ámbitos productivos (*biorrefinería verde*); el producto principal del proceso de biorrefinería de hierba es un concentrado de proteínas que se utiliza para alimentación avícola y porcina. La fracción fibrosa se recupera para su revalorización mediante la formulación de distintos subproductos, desde etanol por fermentación hasta su uso para fabricar embalajes o materiales de construcción sostenible.

La *biorrefinería de materia prima lignocelulósica* utiliza materia prima natural y seca, como biomasa que contiene celulosa y desechos. Según Tan, Yu y Shang (2011) puede dividirse a su vez en cuatro principales categorías, como residuos agrícolas (rastrojo de maíz y bagazo de caña de azúcar), cultivos energéticos específicos, residuos de madera (incluidos los desechos de aserraderos y fábricas de papel) y residuos de papel municipales.

De este modo, la existencia del concepto de biorrefinería y sus derivadas ha servido para estructurar un cuerpo de conocimiento científico-técnico con identidad propia, que emana del uso de biomasa como fuente de moléculas de valor y que bebe de numerosas disciplinas de la ciencias y de la ingeniería (Wenger y Stern, 2019).

5 VENTAJAS Y DESAFÍOS DE LAS BIORREFINERÍAS

La principal ventaja que representa la inserción de las biorrefinerías en la industria y en la sociedad es la solución potencialmente sostenible para reducir la dependencia de recursos fósiles y mitigar por tanto los efectos del cambio climático. Sin embargo, la implementación y operación de las mismas enfrenta desafíos significativos en términos técnicos, económicos y ambientales. Esto se muestra esquemáticamente en la Tabla 1.4. y se describe a continuación de manera más detallada.

5.1 Ventajas de las biorrefinerías

- **Sostenibilidad ambiental.** Las biorrefinerías contribuyen a la reducción de emisiones de gases de efecto invernadero al sustituir productos derivados del petróleo con alternativas basadas en biomasa. Además, el aprovechamiento de residuos agrícolas, forestales y urbanos como materia prima puede disminuir la presión sobre los recursos naturales y reducir la acumulación de desechos. Para ello, se deberían desarrollar estrategias a largo plazo que reconozcan el potencial de los recursos renovables locales, incluidos los residuos. Será de suma importancia la implementación de biorrefinerías de diversos tamaños, tipos y con combinación de tecnologías aplicadas en los procesos que puedan apoyar en la conversión de una variedad de materias primas específicas del lugar en productos de valor como

Tabla 1.4.
Ventajas y desafíos de las biorrefinerías.

Ventajas de las biorrefinerías	
Sostenibilidad ambiental	• Reducción de emisiones de gases de efecto invernadero. • Aprovechamiento de residuos agrícolas, forestales y urbanos. • Aplicación de tecnologías diversas para maximizar el valor de la biomasa. • Apoyo a los objetivos climáticos de la UE (*Fit for 55*).
Diversificación de productos	• Producción de bioquímicos, bioplásticos, bioenergía y fertilizantes. • Mejora de la rentabilidad y viabilidad económica de la biomasa utilizada y los procesos empleados. • A diferencia del petróleo, la biomasa puede adaptarse durante la biorrefinería para facilitar su procesamiento y formación de productos.
Independencia energética	• Reducción de la dependencia de combustibles fósiles importados. • Contribución clave de la biomasa en la transición energética global. • Proyección: la bioenergía representará el 22 % del suministro total de energía primaria en 2050 (IRENA, 2023).
Desarrollo rural y generación de empleo	• Estímulo económico en regiones agrícolas. • Creación de empleo en recolección, procesamiento y transformación de biomasa. • Fortalecimiento de mercados rurales para residuos agrícolas.

Desafíos de las biorrefinerías	
Coste de inversión y operación	• Alta inversión inicial y costes operativos elevados. • Competitividad con refinerías petroquímicas. • Bioplásticos: más caros que plásticos convencionales. • Necesidad de desarrollar nuevos productos en lugar de replicar los fósiles.
Limitaciones tecnológicas	• Elevados costos en los procesos de escalado y pretratamiento de biomasa.
Aceptación social y política	• Percepción negativa sobre el uso de cultivos alimentarios para biocombustibles. • Falta de incentivos económicos adecuados para impulsar su desarrollo.

energía, productos químicos entre otros, maximizando el valor de la biomasa y minimizando los residuos. La finalidad es poder aplicar principios sostenibles para minimizar la huella ambiental, garantizando los productos generados como sostenibles (Clark y Deswarte, 2015). Como se mencionó anteriormente, las biorrefinerías son una vía correcta para alcanzar el objetivo climático de la UE de reducir las emisiones en al menos un 55 % de aquí a 2030 con obligación jurídica (*Fit for 55*).

- **Diversificación de productos.** Una de las principales fortalezas de las biorrefinerías es su capacidad para producir una amplia gama de productos de valor agregado, como bioquímicos, bioplásticos, bioenergía y fertilizantes, entre otros muchos. Esta diversificación mejora la rentabilidad y promueve la viabilidad económica del modelo de implementación de biorrefinerías (Kamm y Kamm, 2004). Una diferencia importante de los bioproductos generados con los resultantes del petróleo es que la biomasa puede modificarse dentro del proceso o los procesos de la biorrefinería, es decir, puede adaptarse adecuadamente para el procesamiento posterior, ya que ya se han formado productos.
- **Independencia energética.** Al aprovechar recursos renovables locales, las biorrefinerías pueden reducir la dependencia de importaciones de combustibles fósiles y fortalecer la seguridad energética (Haveren, Scott y Sanders, 2008). En concreto, en el informe elaborado por la Agencia Internacional de Energías Renovables (IRENA, 2023), se destaca el papel crucial que desempeñará la energía derivada de la biomasa en la transición energética global. De acuerdo con el escenario de 1,5°C presentado en las Perspectivas de Transición Energética Mundial, se proyecta que la bioenergía representará el 22 % del suministro total de energía primaria para 2050. Alcanzar este ambicioso objetivo exigirá un aumento significativo en el uso de biomasa, donde los residuos agrícolas tendrán una contribución clave para hacerlo realidad.
- **Desarrollo rural y generación de empleo.** La implementación de biorrefinerías, especialmente en regiones agrícolas, puede estimular el desarrollo económico local al generar empleos en la recolección, procesamiento y transformación de biomasa. Asimismo, fortalece las economías rurales al proporcionar mercados estables para los residuos agrícolas (Cherubini, 2010).

5.2 Desafíos de las biorrefinerías

- **Coste de inversión y operación.** Las biorrefinerías requieren inversiones iniciales significativas debido a la complejidad de los procesos tecnológicos y la infraestructura necesaria. Además, los costes operativos pueden ser elevados en comparación con las refinerías petroquímicas, lo que dificulta la competitividad económica (Cherubini, 2010). Sin embargo, un precio competitivo y un nivel de rendimiento igual o superior en comparación con refinerías basadas en combustibles fósiles son fundamentales para la viabilidad de los productos de base biológica. Por ejemplo, en el caso de los bioplásticos, si bien son competitivos en términos de costes, la mayoría son entre 2 y 4 veces más caros que los plásticos convencionales, lo que limita su inserción en el mercado hasta la fecha. Es importante destacar que las biorrefinerías no deberían limitarse a producir productos existentes, sino que deberían apuntar al desarrollo de nuevas familias de productos, aprovechando al máximo las propiedades nativas de la biomasa y sus componentes.

- **Limitaciones tecnológicas.** A pesar de los avances en investigación, muchos de los procesos involucrados, como la hidrólisis enzimática o la conversión termoquímica, aún enfrentan problemas de costos en la producción a escala industrial (Kamm y Kamm, 2004). Incluso las etapas de pretratamiento son esenciales para romper la estructura de ciertas biomasas (sobre todo materiales lignocelulósicos) que encarecen aún más los procesos (Galbe y Wallberg, 2019).
- **Aceptación social y política.** La aceptación pública y la implementación de políticas adecuadas son cruciales para el desarrollo de biorrefinerías. La percepción negativa sobre el uso de cultivos alimentarios para biocombustibles y la falta de incentivos económicos adecuados pueden limitar su adopción (Cherubini, 2010).

A modo de resumen de lo expuesto en este capítulo, las biorrefinerías son instalaciones que procesan biomasa de forma sostenible para obtener una amplia gama de productos como biocombustibles, moléculas de valor bioquímico, nuevos materiales y energía (combustibles). Con una aparente inspiración en las tradicionales refinerías petroquímicas, su objetivo es reducir la dependencia de los combustibles fósiles y minimizar el impacto ambiental. Sin embargo, su historia se remonta a técnicas ancestrales que experimentaron un impulso notable con los avances industriales del siglo XIX y se consolidaron en el siglo XXI con tecnologías más eficientes. Existen diferentes tipos de biorrefinerías (fase I, II y III), que se clasifican según la cantidad de materias primas que procesan y los productos que generan. Algunas son simples y solo producen energía, mientras que otras, más complejas, obtienen múltiples productos de forma simultánea. En todos los casos, su valor reside en la capacidad de transformar residuos y subproductos en recursos valiosos, lo que impulsa la economía circular y promueve el desarrollo regional sostenible. No obstante, pese a su gran potencial, el desarrollo de biorrefinerías enfrenta importantes desafíos tecnológicos, económicos y sociales. Entre estos, destacan los elevados costes de implementación, las limitaciones tecnológicas actuales y la falta de marcos regulatorios claros a nivel internacional. Por ello, para que su papel en la transición energética y en la bioeconomía sea el esperado, es fundamental que su funcionamiento se base en un enfoque de sostenibilidad integral, que abarque las dimensiones ambiental, económica y social.

Como conclusión a este capítulo de introducción, las biorrefinerías representan una herramienta clave para avanzar hacia una economía más sostenible, gracias al aprovechamiento de la biomasa como recurso renovable y a su capacidad para reducir residuos, emisiones y dependencia de los recursos fósiles. El éxito de este modelo productivo también dependerá de su integración con otras tecnologías limpias, del apoyo mediante políticas públicas efectivas y de la colaboración activa entre el sector industrial, el ámbito académico y los gobiernos. En el capítulo 8 se profundizará en los principales retos y oportunidades que enfrenta este innovador modelo de producción.

CONCLUSIONES

1. Las biorrefinerías son clave para una bioeconomía sostenible, reduciendo la dependencia de combustibles fósiles y valorizando residuos.
2. Su escalabilidad está limitada por altos costos, falta de financiación e incertidumbre en la demanda.
3. España tiene un gran potencial en biorrefinerías por su biomasa y capacidad científica, pero necesita mejorar su marco regulatorio y los incentivos.
4. La integración de tecnologías avanzadas y la colaboración industrial optimizarán la eficiencia de las biorrefinerías.
5. Se espera un crecimiento significativo del mercado de bioproductos, con alternativas biobasadas para la mayoría de los productos fósiles en 2030.
6. El desarrollo de biorrefinerías contribuye directamente a múltiples Objetivos de Desarrollo Sostenible de la Agenda 2030.
7. Para impulsar el sector en España, son esenciales el apoyo gubernamental, la inversión en I+D+i y la sensibilización social.

BIBLIOGRAFÍA

Abraham, T. y Höfer, R. (2012): "Lipid-based polymer building blocks and polymers". *Polymers for a Sustainable Environment and Green Energy*, 15–58.

Ahamed, M. I., Boddula, R. y Rezakazemi, M. (2021): *Biodiesel Technology and Applications*. Hoboken, John Wiley and Sons.

Argyropoulou, D. D. D., Crestini, C., Dahlstrand, C., Furusjö, E., Gioia, C., Jedvert, K., Henriksson, G., Hulteberg, C., Lawoko, M., Pierrou, C., Samec, J. S. M., Subbotina, E., Wallmo, E. y Wimby, M. (2023): "Kraft Lignin: A Valuable, Sustainable Resource, Opportunities and Challenges". *ChemSusChem*, 16, e202300492.

Aristizábal-Marulanda, V. y Alzate, C. A. C. (2019): "Methods for designing and assessing biorefineries: Review". *Biofuels, Bioproducts and Biorefining*, 13, 789–808.

Calvo-Flores, F. G. y Martin-Martínez, F. J. (2022): "Biorefineries: Achievements and challenges for a bio-based economy". *Frontiers in Chemistry*, 10, 973417.

Chandra, R., Iqbal, H., Vishal, G., Lee, H.S. y Nagra, S. (2019): "Algal biorefinery: a sustainable approach to valorize algal-based biomass towards multiple product recovery". *Bioresource Technology*, 278, 346–359.

Cherubini, F. (2010): "The biorefinery concept: Using biomass instead of oil for producing energy and chemicals". *Energy Conversion and Management*, 51, 1412–1421.

Cherubini, F., Jungmeier, G., Wellisch, M., Willke, T., Skiadas, I., Van Ree, R. y De Jong, E. (2009): "Toward a common classification approach for biorefinery systems". *Biofuels, Bioproducts and Biorefining*, 3, 534–546.

Chisti, Y. (2007): "Biodiesel from microalgae". *Biotechnology Advances*, 25, 294–306.

Clark, J. y Deswarte, F. (2015): "The biorefinery concept". *Introduction to Chemicals from Biomass*, 1–29.

Comisión Europea (2005): "Plan de acción sobre la biomasa". *Comisión Europea*. https://eur-lex.europa.eu/LexUriServ/LexUriServ.do?uri=COM:2005:0628:FIN:ES:PDF.

Erbach, G. y Jensen, L. (2022): "Fit for 55 package". *European Parliamentary Research Service*.

Fernando, S., Adhikari, S., Chandrapal, C. y Murali, N. (2006): "Biorefineries: Current status, challenges, and future direction". *Energy & Fuels*, 20, 1727–1737.

Ferreira, A. (2017): *Biorefinery Concept*. Lisboa, Springer Cham.

Galbe, M. y Wallberg, O. (2019): "Pretreatment for biorefineries: A review of common methods for efficient utilisation of lignocellulosic materials". *Biotechnology Biofuels*, 12, 294.

Van Haveren, J., Scott, E. L. y Sanders, J. (2008): "Bulk chemicals from biomass". *Biofuels, Bioproducts and Biorefining*, 2, 41–57.

IEA Bioenergy (2009): "Biorefineries: adding value to the sustainable utilisation of biomass". *IEA Bioenergy*. https://www.ieabioenergy.com/wp-content/uploads/2013/10/Task-42-Booklet.pdf.

IRENA (2023): "Agricultural residue-based bioenergy: Regional potential and scale-up strategies". *International Renewable Energy Agency*. https://www.irena.org.

Kamm, B. y Kamm, M. (2004): "Principles of biorefineries". *Applied Microbiology and Biotechnology*, 64, 137–145.

Kamm, B., Kamm, M., Gruber, P. R. y Kromus, S. (2005): "Biorefinery systems – An overview". *Biorefineries–Industrial Processes and Products*, 1–40.

Konur, O. (2021): *Biodiesel Fuels Based on Edible and Nonedible Feedstocks, Wastes, and Algae*. Boca Ratón, CRC Press.

Kostas, E. T., Adams, J. M., Ruiz, H. A., Durán-Jiménez, G. y Lye, G. J. (2021): "Macroalgal biorefinery concepts for the circular bioeconomy: A review on biotechnological developments and future perspectives". *Renewable and Sustainable Energy Reviews*, 151, 111553.

NREL (2011): "Biomass Catalyst Characterization Laboratory: Enabling fundamental understanding of thermochemical biomass conversion catalysis and performance". *National Renewable Energy Laboratory*. https://www.nrel.gov.

Okeke, E. S., Ejeromedoghene, O., Okoye, C. O., Ezeorba, T. P. C., Nyaruaba, R., Ikechukwu, C. K., Oladipo, A. y Orege, J. I. (2022): "Microalgae biorefinery: An integrated route for the sustainable production of high-value-added products". *Energy Conversion and Management: X*, 16, 100323.

Ragauskas, A. J., Williams, C. K., Davison, B. H., Britovsek, G., Cairney, J., Eckert, C. A., Frederick, W. J., Hallett, J. P., Leak, D. J., Liotta, C. L., Mielenz, J. R., Murphy, R., Templer, R. y Tschaplinski, T. (2006): "The path forward for biofuels and biomaterials". *Science*, 311, 484–489.

Ronsse, F., Van Hecke, S., Dickinson, D. y Prins, W. (2013): "Production and characterization of slow pyrolysis biochar: influence of feedstock type and pyrolysis conditions". *GCB Bioenergy*, 5, 104–115.

Tan, T., Yu, J. y Shang, F. (2011): *Biorefinery Engineering*. Ámsterdam, Academic Press.

Tripathi, M., Sahu, J. N. y Ganesan, P. (2016): "Effect of process parameters on production of biochar from biomass waste through pyrolysis: A review". *Renewable and Sustainable Energy Reviews*, 55, 467–481.

Wenger, J. y Stern, T. (2019): "Reflection on the research on and implementation of biorefinery systems – a systematic literature review with a focus on feedstock". *Biofuels, Bioproducts and Biorefining*, 13, 1347–1364.

RESUMEN

El capítulo aborda la biomasa como materia prima esencial de las biorrefinerías, describiendo su origen, tipos y clasificación según su procedencia (primaria, secundaria, terciaria) y su composición (azucaradas, amiláceas, lignocelulósicas y oleaginosas). Se analizan los principales recursos en España y Andalucía, destacando el potencial del olivar en Jaén, cuyos residuos —alperujo, hueso y hojín— ofrecen oportunidades de valorización. Además, se describen otras biomasas agrícolas y forestales, sus características y volúmenes generados, y se exploran residuos urbanos, agroindustriales y ganaderos como fuentes complementarias. Se dedica atención a la biomasa algal por su potencial futuro, aunque persisten retos técnicos y económicos. Finalmente, se exponen los aspectos logísticos clave: recolección, transporte, almacenamiento y operaciones previas (triturado, secado, molienda, densificación) imprescindibles para preparar la biomasa antes de su conversión en la biorrefinería.

02 MATERIAS PRIMAS EN BIORREFINERÍAS

Irene Gómez Cruz[1]
María del Mar Contreras Gámez[1]
Guillermo García García[2]

1 BIOMASA: ORIGEN Y TIPOS

En el apartado 1.1. se definió la biomasa como cualquier material de origen biológico. En la definición contemporánea de biomasa, se considera que cualquier material de origen natural puede ser clasificado bajo este término. Sin embargo, resulta esencial excluir de esta categoría al petróleo y al gas natural, es decir, aquellos materiales orgánicos de origen fósil. Aunque estos combustibles fósiles provienen de materia orgánica acumulada y transformada a lo largo de millones de años, su uso tiene efectos ambientales negativos, como la emisión de gases de efecto invernadero, que contrastan con el enfoque sostenible que caracteriza al aprovechamiento de la biomasa moderna. Por tanto, la biomasa, en su acepción más relevante para la sostenibilidad, debe referirse únicamente a recursos renovables y de ciclo corto, como residuos agrícolas, forestales o desechos orgánicos, cuyo uso contribuye a

1. Universidad de Jaén.
2. Universidad de Granada.

reducir la huella de carbono y a fomentar una economía más limpia.

La clasificación de la biomasa es variada. Algunas veces, se distingue entre biomasa primaria (o de calidad), biomasa secundaria y biomasa terciaria, como se muestra en la Figura 2.1. Tomando como ejemplo un campo de cebada, diríamos que los granos son biomasa primaria, mientras que la paja forma parte de la biomasa secundaria; además, si esos granos se emplean en la fabricación de cerveza, el residuo sólido resultante (llamado bagazo), sería un ejemplo de biomasa terciaria. La biomasa primaria incluye, por tanto, biomasa cultivada y forestal. Generalmente, esta clasificación se refiere a biomasa obtenida de la tierra (Joshi *et al.*, 2024), por lo que habría que clasificar la biomasa algal en un cuarto tipo. Sin embargo, si la biomasa algal se ha producido empleando aguas residuales, se puede encajar como biomasa terciaria de acuerdo a la clasificación anterior.

Las biomasas secundaria y terciaria se agrupan comúnmente bajo el adjetivo de residuales y se dice que constituyen una opción de futuro porque son biomasas que forzosamente hay que gestionar (por ejemplo, eliminándolas de los campos de cultivo, como las pajas de cereal, o de las

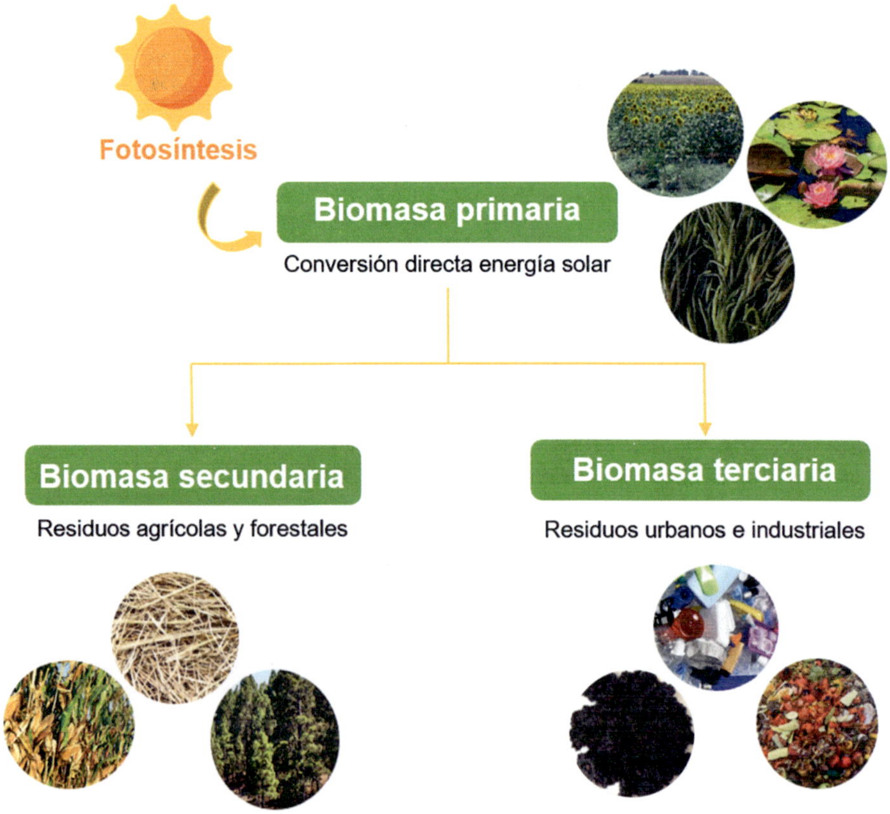

FIGURA 2.1.
Tipos de biomasa atendiendo a su origen.

industrias en las que se generan, como el bagazo de cerveza) y cuyo destino puede ser su aprovechamiento de distintas formas, en lugar de la práctica habitual que consiste en su eliminación por quema directa o depositándolas en un vertedero.

Las biomasas que se utilizan en biorrefinerías pueden clasificarse también según su composición química. Así, se pueden distinguir las biomasas azucaradas (como la caña de azúcar o la remolacha azucarera), las biomasas amiláceas (como el maíz, el trigo, la yuca y las patatas), las biomasas lignocelulósicas (residuos agrícolas como paja de trigo, forestales como aserrín o astillas, y urbanos). La Tabla 2.1 muestra algunas características.

TABLA 2.1.
Características de las principales biomasas empleadas en biorrefinerías.

Características	Biomasas azucaradas	Biomasas amiláceas	Biomasas lignocelulósicas	Biomasas oleaginosas
Composición principal	Azúcares simples o sacarosa	Almidón	Celulosa, hemicelulosa y lignina	Aceites y grasas, principalmente triglicéridos
Facilidad de procesamiento	Su procesamiento es más sencillo ya que los azúcares están listos para fermentar	Requieren un paso intermedio para hidrolizar el almidón y obtener azúcares fermentables	Su aprovechamiento es más complejo y costoso, debido a la resistencia estructural de la lignina que dificulta la liberación de azúcares	Necesitan extracción mecánica o química de los aceites antes de su conversión
Disponibilidad	Se derivan generalmente de cultivos alimentarios, lo que puede generar conflictos con la seguridad alimentaria	Se derivan generalmente de cultivos alimentarios, lo que puede generar conflictos con la seguridad alimentaria	Son abundantes y derivadas de residuos agrícolas, forestales o urbanos, evitando conflictos con la alimentación	También suelen provenir de cultivos específicos, como soja o palma, pero tienen aplicaciones más diversas
Aplicaciones principales	Producción de bioetanol, bioplásticos y productos fermentativos (p. ej., ácidos orgánicos)	Producción de bioetanol, jarabes de glucosa y almidones modificados para la industria alimentaria y química	Producción de bioetanol de segunda generación, biogás, materiales avanzados (nanocelulosa) y bioproductos químicos	Fabricación de biodiésel, biolubricantes, oleoquímicos y productos cosméticos
Sostenibilidad	Su cultivo puede implicar un alto uso de recursos como agua y fertilizantes, con un impacto ambiental significativo	Su cultivo puede implicar un alto uso de recursos como agua y fertilizantes, con un impacto ambiental significativo	Consideradas más sostenibles al utilizar residuos y no competir directamente con cultivos alimentarios	Su producción intensiva puede llevar a problemas como la deforestación (p. ej., palma)

1.1 Panorama general en España

España presenta un potencial excelente en cuanto a producción de biomasa, materia prima necesaria para el aprovechamiento bajo un esquema de biorrefinería como herramienta para la producción de energía, materiales, productos químicos, alimentos y piensos, entre otros. Tanto por su ubicación geográfica como climática en la cuenca mediterránea, España presenta unas condiciones óptimas, aunque infravaloradas, para la producción primaria de biomasa.

En la actualidad, la migración rural ha relegado múltiples tierras a un estado de marginación, o incluso abandono. Como respuesta, la implementación de procesos basados en biorrefinerías permitiría revitalizar zonas rurales deprimidas, con una fuerte pérdida de población, implementando nuevas soluciones de negocio que respondan a la necesidad de una población creciente, cada vez más concienciada con un desarrollo sostenible basado en una economía circular, que protejan los recursos naturales, limitados, y el propio medioambiente. En el año 2017, en el *Manual sobre las Biorrefinerías en España*, se estimaba un potencial biomásico aprovechable de unos 142 millones de toneladas. De entre el origen de toda esta biomasa, en la Figura 2.2 se destaca la importancia de la biomasa de origen agroforestal (42 %), seguido de los residuos municipales (21 %), materia procedente de cultivos (19 %) o residuos derivados de la actividad agrícola (14 %).

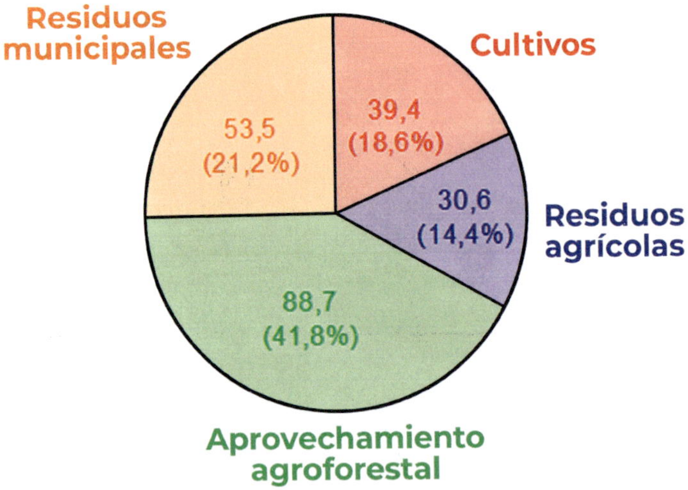

FIGURA 2.2.
Potencial biomásico en España en millones de toneladas anuales. Fuente: Elaboración propia a partir de datos del *Manual sobre las Biorrefinerías en España* (Bioplat, 2017) y estadísticas sobre residuos (INE, 2017).

Con relación a la distribución de los residuos biomásicos en la geografía española, cabe destacar la existencia de una elevada deslocalización en función de la naturaleza del precursor biomásico en cuestión. Así, por ejemplo, para los recursos y residuos agroforestales se destaca en la Figura 2.3 una elevada concentración en la cornisa cantábrica, donde predominan elevadas masas forestales. En el caso de cultivos y residuos agrícolas, existe una mayor concentración en la mitad sur de la península, aunque bien es cierto que algunos cultivos se encuentran fuertemente concentrados en determinadas zonas geográficas. Por último, en el caso de residuos sólidos urbanos, la existencia de una elevada densidad poblacional explica el mayor volumen de residuos generado en ciertas provincias, principalmente Madrid, Barcelona, Valencia, Sevilla o Granada, donde se ubican grandes núcleos poblacionales.

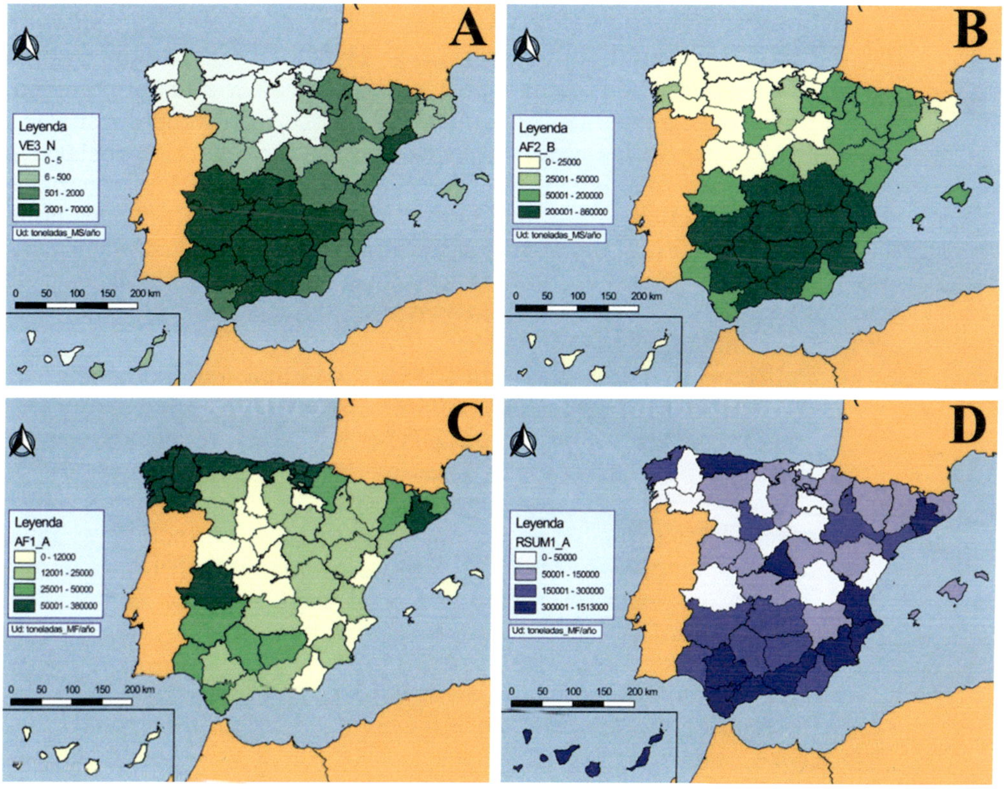

FIGURA 2.3.

Distribución de generación de biomasa por provincias. (A) Hueso de aceituna, (B) Residuos de poda agrícola, (C) Residuos forestales de monte, y (D) Residuos sólidos urbanos. Fuente: Agroalnext (2023). Reproducido con permiso de Agroalnext.

1.2 Producción de biomasa en Andalucía

Andalucía es una región que destaca por su notable potencial biomásico, lo que la sitúa como un referente en el desarrollo de tecnologías asociadas a la bioeconomía y la sostenibilidad. Este potencial se deriva de diversas fuentes:

- **Extensa actividad agrícola y forestal.** Con una gran superficie dedicada a cultivos como el olivar, los cítricos, los cereales y las plantaciones forestales, Andalucía genera cantidades significativas de residuos agrícolas y podas que pueden ser transformados en biocombustibles, biofertilizantes o bioproductos de alto valor añadido.
- **Residuos agroindustriales.** La región cuenta con una importante industria agroalimentaria, que incluye almazaras, bodegas y centrales hortofrutícolas. Estos sectores producen subproductos, como huesos de aceituna, alperujos o restos de frutas, que tienen un gran potencial para su valorización en biorrefinerías.
- **Clima favorable y biodiversidad.** El clima mediterráneo y la diversidad de ecosistemas permiten un aprovechamiento eficiente de la biomasa tanto en cultivos tradicionales como en nuevos sistemas agrícolas y forestales orientados a la producción sostenible de recursos bioenergéticos.
- **Infraestructura y conocimiento.** Andalucía dispone de centros de investigación y empresas punteras que trabajan en tecnologías de aprovechamiento de biomasa. Iniciativas como el desarrollo de biorrefinerías y plantas de conversión energética colocan a la región a la vanguardia en innovación.
- **Políticas y estrategias alineadas.** La Junta de Andalucía ha promovido estrategias de economía circular y energías renovables que incentivan la valorización de la biomasa como recurso clave para la transición energética y la descarbonización de la economía.

El aprovechamiento integral de la biomasa en Andalucía no solo contribuye a diversificar las fuentes de energía, sino que también impulsa la economía local, genera empleo rural y fomenta la sostenibilidad ambiental. Este enfoque es esencial para convertir a la región en un modelo de referencia dentro de la bioeconomía global.

La Agencia Andaluza de la Energía ofrece un mapa interactivo que permite explorar el potencial de biomasa en Andalucía, disponible en su página web (https://www.agenciaandaluzadelaenergia.es/biomasa/biomasa/init.do?prefix=/biomasa&name=potencial) (Agencia Andaluza de la Energía, Conserjería de Industria, y Energía y Minas, 2024). Este mapa interactivo proporciona información detallada a nivel municipal sobre diversas fuentes de biomasa. Además, incluye listados de instalaciones relacionadas, como plantas de producción de *pellets*, biocarburantes y generación eléctrica y térmica con biomasa.

El potencial de biomasa en Andalucía proviene de residuos agrícolas (4.606.473 t), residuos forestales (1,345,840 t), residuos ganaderos (4.342.525 t), cultivos energéticos (1.864.600 t), residuos industriales (5.070.029 t), y residuos urbanos (2.929.782 t). La Figura 2.4 muestra en detalle el desglose del potencial por tipo de biomasa.

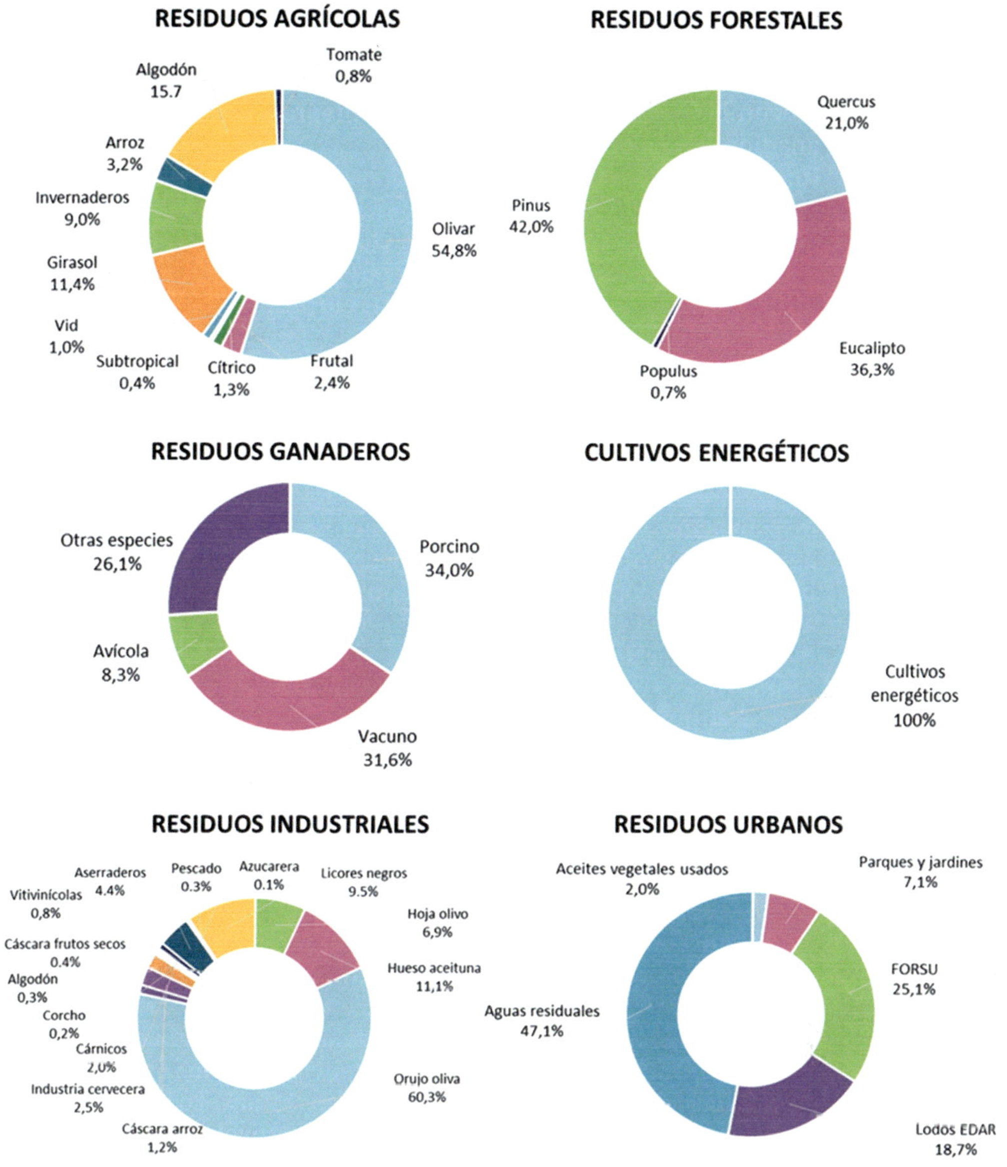

Figura 2.4.
Potencial de biomasa por tipología en Andalucía (elaboración propia a partir de los datos de la Agencia Andaluza de la Energía, 2024).

1.3 Jaén y su potencial: olivar y residuos agroindustriales

La provincia de Jaén es una región privilegiada en cuanto a los recursos biomásicos de los que dispone en su territorio, con un gran potencial de explotación siguiendo un esquema de biorrefinería. Jaén dispone de una gran extensión de superficie natural y, a su vez, de un gran número de cultivos agrícolas, los cuales pueden nutrir de materia prima a potenciales instalaciones de biorrefinerías. Es de especial importancia en esta provincia el cultivo del olivar para la producción de aceituna de mesa y, mayoritariamente, aceite de oliva. Debido a ello, las eventuales industrias de biorrefinería que se instalen en esta provincia deberían considerar el potencial que ofrece este sector, así como posibles sinergias entre dichas industrias.

Según datos de la FAO para 2021, se cosechan unos 23 millones de toneladas de aceituna al año en el mundo. Gran parte de estas aceitunas se utilizan para producir aceite de oliva, con una producción anual de más de tres millones de toneladas. España es el líder indiscutible en ambos mercados, con más del 35 % de la producción mundial de aceitunas y más del 44 % de la producción mundial de aceite de oliva. Los principales competidores para ambos productos son Grecia, Italia, Turquía, Marruecos y Portugal. Sin embargo, la producción de aceitunas (y de aceite de oliva) varía significativamente cada año. La Figura 2.5 muestra la evolución de la producción de aceitunas y de aceite de oliva en España entre 2011 y 2021. La producción de aceite de oliva sigue una evolución similar que la de aceitunas, aunque lógicamente con valores menores debido a que la aceituna es la materia prima para la obtención del aceite de oliva. En la Figura 2.5 puede observarse que la producción de aceitunas ha variado entre los cuatro y los diez millones de toneladas al año.

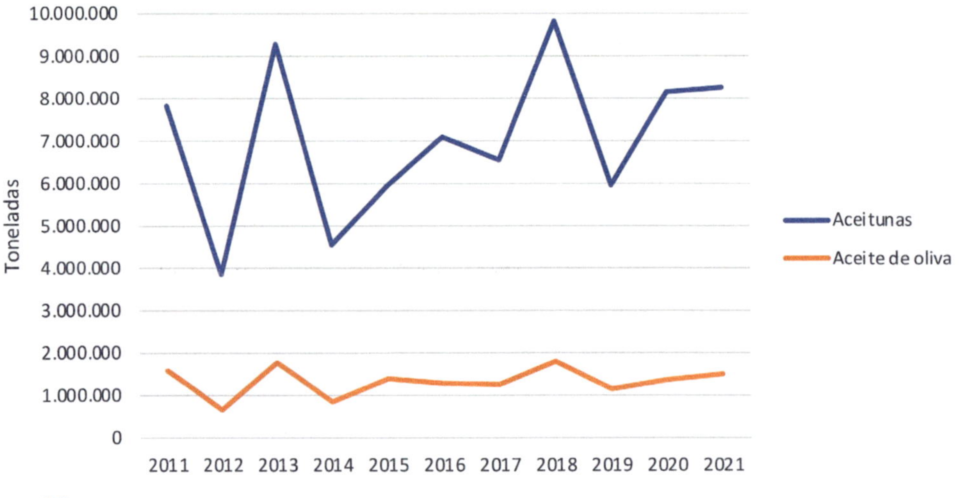

FIGURA 2.5.
Producción anual de aceitunas y aceite de oliva en España entre 2011 y 2021. Fuente: elaboración propia a partir de datos de FAOSTAT.

Jaén es el principal productor de aceite de oliva de España, con cerca del 30 % de la producción nacional, repartida entre sus casi 600.000 hectáreas (MAPA, 2024a; Junta de Andalucía, 2024). La superficie dedicada al olivar se extiende por casi toda la provincia, como puede observarse en la Figura 2.6. Sin embargo, la producción de aceite de oliva en esta provincia también sufre grandes variaciones, al igual que a nivel nacional, debido a diferentes factores, como los precios de producción y cosecha obtenida, que varían cada campaña. Por ejemplo, la producción de aceite de oliva en Jaén se redujo a casi un tercio en la campaña 2022/2023 respecto a la 2020/2021, una tendencia similar a la presentada a nivel nacional, aunque con una reducción menos drástica (MAPA, 2024b). Por tanto, la utilización de recursos biomásicos de la industria olivarera en las biorrefinerías debe planearse teniendo en cuenta dicha variabilidad de producción.

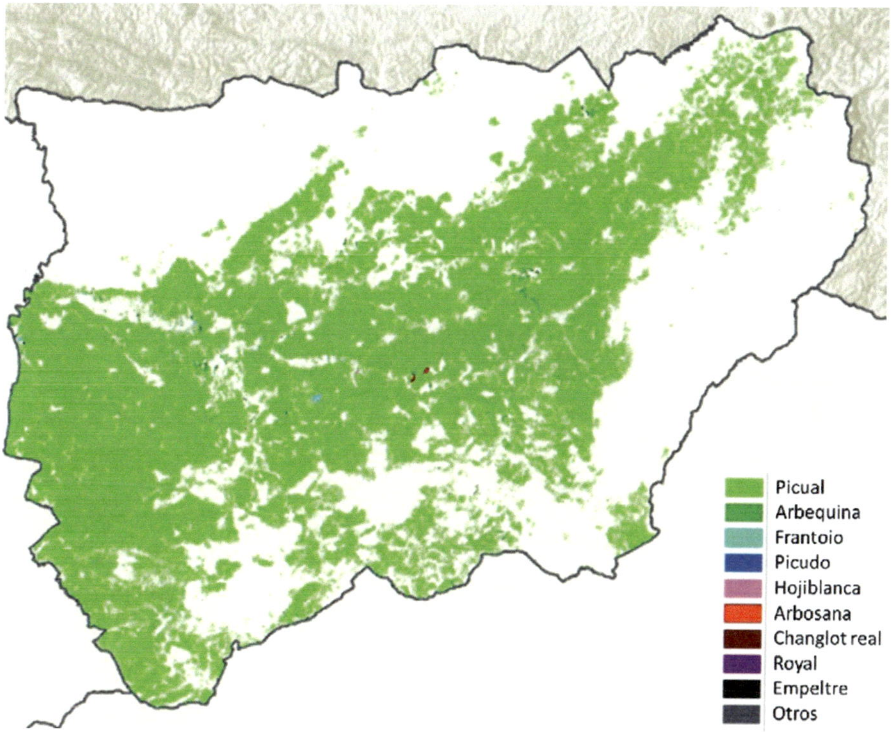

Figura 2.6.

Distribución de la superficie olivarera en la provincia de Jaén. Fuente: adaptado de Junta de Andalucía, 2024. Reproducido con permiso de la Junta de Andalucía.

La producción de aceite de oliva se lleva a cabo mediante una cadena de procesos que incluyen la recogida de aceitunas del olivo, transporte a una almazara, limpieza y lavado, molienda, batido, centrifugación, llenado en botellas y garrafas, y almacenamiento. En Jaén, la centrifugación se lleva a cabo en dos fases, que es un sistema más moderno y que crea mejores resultados que la tradicional centrifugación en tres fases. De este modo, junto al aceite de oliva, se obtiene un subproducto semisólido, llamado alperujo. Este alperujo está formado por la pulpa y la piel de la aceituna que queda después de la extracción de su aceite, así como de su hueso en los casos en los que la aceituna no se ha deshuesado. Aunque este es el residuo principal de la industria olivarera, existen otros, como el hojín, que es el conjunto de hojas y ramas finas que caen del olivo y se depositan en el suelo. El hueso de aceituna también puede obtenerse como un residuo separado del resto.

Estos residuos biomásicos se obtienen en proporciones muy variables. Debe tenerse en cuenta que tan solo el 20 % de la masa de la aceituna llega a formar parte del aceite de oliva como producto final. El resto corresponde al alperujo y el hueso. Por tanto, se suelen producir más de dos millones de toneladas de alperujo al año, tan solo en la provincia de Jaén. Este alto nivel de concentración de residuo en un territorio localizado, junto a su también alta concentración temporal en los meses de recolección de aceitunas y extracción de su aceite, suponen un importante desafío para el sector. Los residuos más relevantes de la industria del olivar están cuantificados en la Figura 2.7. Puede observarse que cerca del 90 % del residuo corresponde al alperujo, siendo el resto el hueso de las aceitunas deshuesadas y el hojín que se obtiene en los campos olivareros. Para la campaña a la que se refieren estos datos, la producción de aceite de oliva fue de 524.798 toneladas (MAPA, 2022).

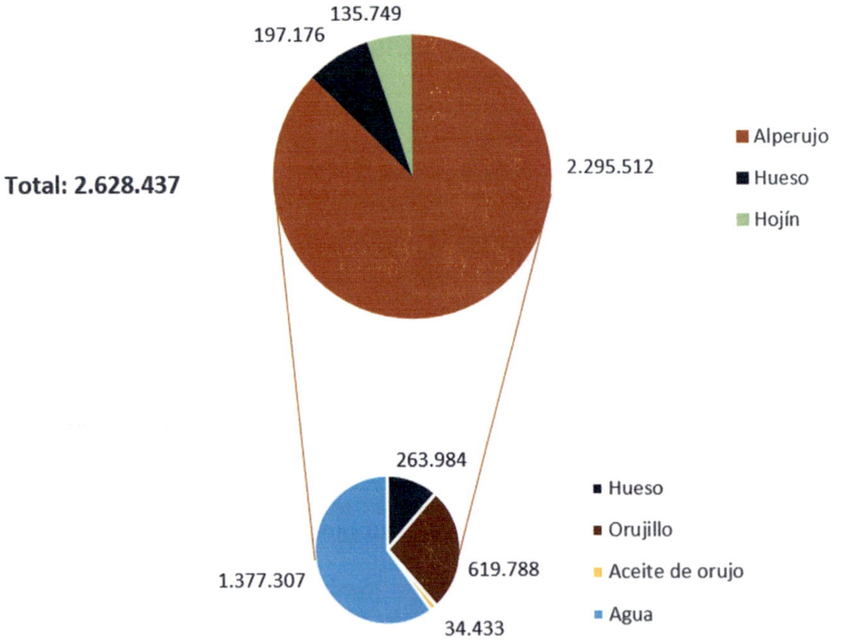

FIGURA 2.7.
Cuantificación de los residuos del olivar generados en la provincia de Jaén en la campaña 2020/2021. Fuente: elaboración propia a partir de datos de Sanz *et al.*, (2023) y Gálvez Pérez (2023).

Los huesos de aceituna se utilizan principalmente como combustible para la producción de energía en la misma almazara u otra industria. Aproximadamente la mitad del hojín obtenido se envía a plantas de generación eléctrica con biomasa, mientras que el resto se suele dejar directamente en el suelo para que este recupere nutrientes o se utiliza como pienso para el ganado (Sanz *et al.*, 2023). El residuo principal, el alperujo, se envía a plantas extractoras, de las que se puede obtener una pequeña cantidad de aceite adicional, llamado aceite de orujo. Este aceite puede venderse para consumo humano, pero no tiene las propiedades organolépticas ni beneficios para la salud del aceite de oliva virgen y, por tanto, su precio es más bajo. Del residuo resultante de esta segunda extracción se obtiene un residuo seco, el orujillo, una corriente acuosa, y el hueso, si este no se ha separado previamente. El orujillo es por tanto el residuo final de las almazaras, y actualmente se utiliza en plantas de combustión de biomasa para la producción de electricidad. Por tanto, actualmente los residuos del olivar son tratados para obtener más producto comercializable o energía, principalmente.

Sin embargo, estos residuos biomásicos de la industria olivarera también pueden utilizarse como materia prima en biorrefinerías. Existen multitud de estudios recientes que estudian esta posibilidad y promueven su implementación, como los trabajos de Orive *et al.*, (2021) y Gómez-Cruz *et al.*, (2024). En efecto, biorrefinerías alimentadas de residuos del olivar pueden producir una gran variedad de productos de valor añadido. Por ejemplo, del orujillo se puede extraer inositol, polifenoles y glúcidos. A su vez, los residuos generados de los tratamientos llevados a cabo en la biorrefinería pueden someterse a un tratamiento térmico, como la combustión, gasificación o pirólisis, para recuperar calor, que puede utilizarse en otros procesos de la planta, o para la producción de electricidad en turbinas. El residuo sólido obtenido del tratamiento térmico, llamado char, puede utilizarse como un sustituto del carbón activado, por ejemplo, para el tratamiento de aguas residuales. Alternativamente, el alperujo también puede utilizarse para la producción de materiales de construcción, como los "techos verdes".

Las biorrefinerías que se nutren de residuos del olivar pueden instalarse en las mismas instalaciones donde se encuentra la almazara, para aprovechar al máximo posibles sinergias, como utilización de equipos e insumos de energía y agua, así como para minimizar el transporte de la biomasa. En la actualidad, existen 331 almazaras con actividad en Jaén, de las que un 57 % son cooperativas y el resto son industriales (MAPA, 2024a). Estas se encuentran repartidas a lo largo y ancho de la provincia, por lo que hay multitud de posibles localizaciones para la instalación de biorrefinerías. Sin embargo, es importante resaltar la gran estacionalidad del cultivo del olivar, con la mayor parte de la cosecha entre noviembre y enero. Por tanto, la generación de residuos en esta industria y el posterior uso de estos residuos en biorrefinerías podría quedar limitada a estos meses y los inmediatamente posteriores, debido a la dificultad de almacenaje de residuos húmedos por largos periodos de tiempo. Esto podría provocar la necesidad de utilizar otras materias primas en las biorrefinerías durante el resto de los meses del año, para evitar una parada de su actividad. El cambio de materias primas puede necesitar un ligero cambio en las condiciones de los procesos llevados a cabo en las biorrefinerías, así como de los productos finales y rendimientos obtenidos. En el caso del orujillo, al ser este un residuo con muy baja humedad, su almacenaje por periodos de tiempo más largos es más sencilla. En general, para decidir la localización de una biorrefinería alimentada por residuos del olivar en Andalucía, recomendamos estudiar el método propuesto por Cardoza *et al.* (2021), que incluye una localización y cuantificación de los residuos y un estudio de la vulnerabilidad del territorio.

Por otra parte, existen otros residuos agroindustriales con potencial de ser utilizados en biorrefinerías situadas en Jaén. Por ejemplo, en esta provincia también se cultiva vid, almendras, cerezas, algodón y cereales como el trigo, cebada, avena y centeno. El cultivo y la cosecha de todos estos productos genera un volumen importante de residuos biomásicos, los cuales pueden complementar a los residuos olivareros a la hora de ser utilizados como materias primas en biorrefinerías.

2. BIOMASAS AGRÍCOLAS

En esta clasificación se pueden incluir biomasa leñosa, plantas herbáceas, frutos y semillas, otros, que son directamente cultivadas para su aprovechamiento energético y/o en biorrefinerías. Este tipo de cultivos se conoce como cultivos energéticos. Estos pueden clasificarse en cultivos energéticos de primera generación (p. ej., cereales como biomasas amiláceas, biomasas azucaradas y oleaginosas) y de segunda generación (p. ej., gramíneas perennes y cultivos leñosos) (Batidzirai *et al.*, 2012). Los cultivos energéticos se caracterizan por una alta productividad, el empleo de maquinaria de uso común para su recolección y que la contribución a la degradación de suelo sea mínima o que sean aptos para su cultivo en tierras agrícolas excedentarias y en tierras marginales o degradadas que se consideran inadecuadas para la agricultura convencional, de forma que no se compita con un fin alimentario (Ministerio de Industria, Turismo y Comercio, 2011). En España, algunos de los cultivos energéticos que se cultivan son el cardo, el sorgo y la colza, aunque también se pueden incluir el chopo y el eucalipto. Este tipo de cultivos puede suponer alrededor de 5,8 millones de toneladas equivalentes de petróleo a nivel nacional (Ministerio de Industria, Turismo y Comercio, 2011).

Por otra parte, los residuos agrícolas son biomasas lignocelulósicas disponibles de forma natural, con alto contenido en carbono; son los desechos generados de cultivos leñosos (podas de olivares, frutales y viñedos) y herbáceos (paja de cereal y cañote de maíz). Estos residuos se clasifican como residuos primarios (tallos, hojas y paja) que se generan tras la recolección de las cosechas y de las actividades de la limpieza que se realizan en el campo con el objetivo de prevenir plagas e incendios, y residuos secundarios que quedan después del procesamiento y se convierten en un recurso valioso (Ministerio de Industria, Turismo y Comercio, 2011). En la Tabla 2.2 se muestran los datos de superficie y producción de los cultivos principales en España para el año 2022 según el Anuario de Estadística 2023 del Ministerio de Agricultura, Pesca y Alimentación (MAPA, 2023a). También se muestra una estimación de los residuos generados correspondientes a cada cultivo.

Tabla 2.2.
Principales cultivos agrícolas y estimación de los residuos generados en España en 2022.

Cultivo	Superficie (ha)	Producción (t)	Residuos aproximados (t)
Cebada	2.464.233	8.156.831	~7.341.000 (paja)
Trigo blando	1.830.918	6.763.197	~6.087.000 (paja)
Olivar	2.778.724	3.875.400	~3.200.000 (hojas, ramas)
Maíz	334.654	3.884.419	~3.500.000 (tallos, hojas)
Vid (uva vinificación)	911.519	5.700.900	~1.000.000 (sarmientos)
Almendra	699.876	417.453	~750.000 (cáscaras, ramas)
Girasol	603.864	774.704	~200.000 (tallos, hojas)
Tomate	52.580	4.449.697	~900.000 (tallos, hojas)
Naranja	137.376	3.013.200	~500.000 (hojas, ramas)
Limón	39.385	947.700	~150.000 (hojas, ramas)
Patata	64.712	2.292.163	~400.000 (hojas, tallos)
Mandarina	68.354	1.954.500	~320.000 (hojas, ramas)
Arroz	98.230	737.210	~2.000.000 (paja)
Remolacha azucarera	25.870	2.412.300	~500.000 (hojas)

Los desechos producidos en el sector agrícola, si no se gestionan correctamente, pueden representar riesgos ambientales, afectar a los ecosistemas acuáticos y terrestres, y perjudicar la salud humana. Las estrategias de gestión de estos residuos engloban su quema para generar energía y procesos térmicos o mecánicos para producir biocombustibles sólidos (carbón vegetal, briquetas o *pellets*) y biocombustibles para el sector del transporte (bioetanol, biometano, biohidrógeno, biobutanol, biometanol y biodiésel), aunque su implementación forma parte del presente y futuro de las biorrefinerías. La valorización de los residuos agrícolas ofrece beneficios ecológicos, sanitarios, económicos, industriales y técnicos y, además, promueve el desarrollo socioeconómico, la conservación y recuperación de recursos y contribuye a lograr la seguridad energética y la economía circular.

3. BIOMASAS FORESTALES

España cuenta con 28.391.780 ha de superficie forestal, lo que equivale al 56 % del total del territorio. De esta superficie forestal, 19.239.973 ha corresponden a superficie forestal arbolada lo que supone un 38 % del territorio (MITECO, 2021).

El mapa de España (7) (Figura 2.8) que se muestra a continuación ilustra el porcentaje de superficie forestal arbolada en relación con la superficie total de cada provincia. Se puede apreciar que, en 7 de las 50 provincias, la superficie arbolada representa más del 50 % del total provincial. Estas provincias son: A Coruña, Bizkaia, Gipuzkoa, Girona, Barcelona, Cáceres y Huelva.

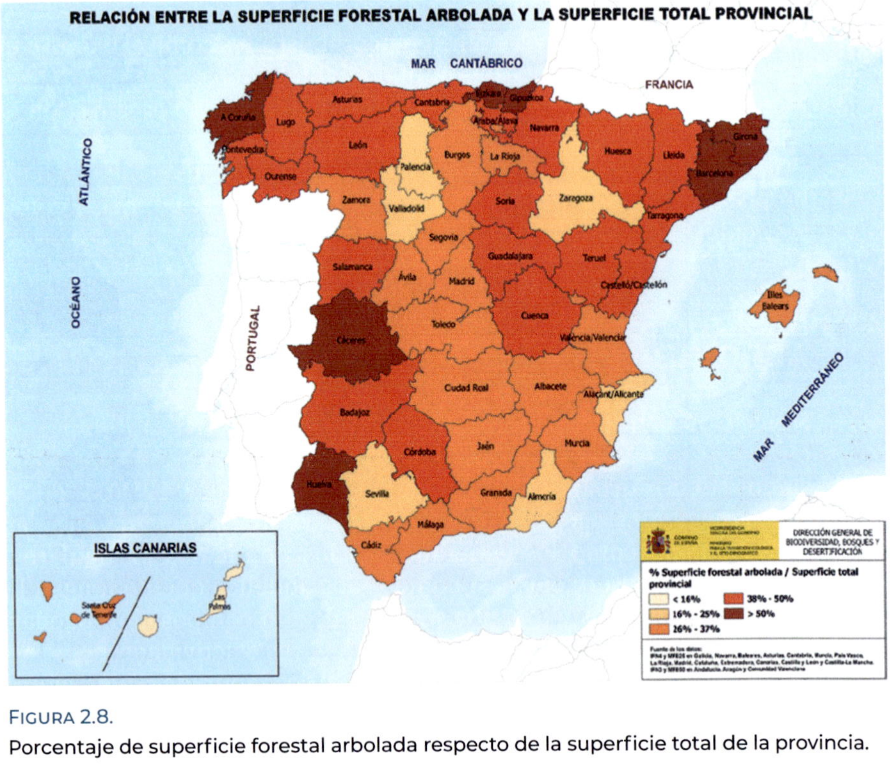

FIGURA 2.8.

Porcentaje de superficie forestal arbolada respecto de la superficie total de la provincia.

TABLA 2.3.
Principales residuos generados de las operaciones forestales y las industrias de productos forestales.

Fuente	Tipo de residuos
Operaciones forestales	Ramas, agujas, hojas, tocones, raíces, madera de baja calidad y podrida, restos y aserrín.
Aserradero	Corteza, aserrín, recortes, madera partida y virutas de cepillado.
Producción de madera contrachapada y tableros	Corteza, núcleo, aserrín, restos de troncos, recortes y desechos de chapas y recortes de paneles.

Los residuos forestales (Tabla 2.3) son materiales lignocelulósicos procedentes del mantenimiento y la mejora de masas forestales cuando se hacen tratamientos en los montes (podas, limpiezas, claras, etc.) y, por otro lado, son los residuos resultantes de cortar los troncos de los árboles para hacer productos de madera (muebles, tableros, etc.).

Mediante una adecuada gestión, los residuos forestales se pueden aprovechar de tal forma que favorezcan a la sostenibilidad y a la economía circular. Actualmente, los principales usos de estos residuos incluyen:

- **Generación de energía:** producción de calor y electricidad, o procesamiento en formas como *pellets*, briquetas o biogás.
- **Biocombustibles:** conversión en biocombustibles como el etanol o el biodiésel mediante procesos químicos o biológicos.
- **Mejoras en la calidad del suelo:** empleo como abono orgánico en la agricultura.
- **Productos industriales:** fabricación de productos como papel, bioplásticos, o productos químicos derivados de la biomasa, como los ácidos orgánicos.

4. RESIDUOS SÓLIDOS URBANOS, AGROINDUSTRIALES Y GANADEROS

4.1 Residuos urbanos

Los residuos sólidos urbanos (RSU) se definen según la Ley 22/2011, de 28 de julio, de residuos y suelos contaminados para una economía circular (BOE-A-2011-13046), como los generados en los domicilios particulares, comercios, oficinas y servicios, así como todos aquellos que no tengan la calificación de peligrosos y que por su naturaleza o composición puedan asimilarse a los producidos en los anteriores lugares o actividades.

En esta categoría se incluyen los lodos de depuradora, las aguas residuales y los llamados residuos HORECA, de hoteles, restaurantes y cafeterías, como aceites de fritura y otros.

FIGURA 2.9.
Composición media de los residuos sólidos urbanos en España (elaboración propia a partir de los datos del *Manual sobre las Biorrefinerías en España*, 2017).

Debido a los diversos núcleos poblacionales (zonas rurales, urbana, etc.) y nivel de vida de la población, la composición de los RSU en España varía dependiendo de la comunidad autónoma. Sin embargo, se puede establecer una composición media a nivel nacional, tal como se muestra en la Figura 2.9.

De acuerdo con los datos del informe estadístico sobre recogida y tratamiento de residuos del Instituto Nacional de Estadística (INE), las empresas encargadas de residuos urbanos recogieron aproximadamente 22 millones de toneladas de residuos en 2022, lo que representa un aumento del 0,8 % en comparación con 2021. De este total, 16,8 millones de toneladas correspondieron a residuos mezclados y 5,2 millones a residuos de recogida separada. En términos per cápita, en España se recogieron 482 kilogramos de residuos por persona (Figura 2.10). Esta figura también muestra la cantidad generada por Comunidad Autónoma.

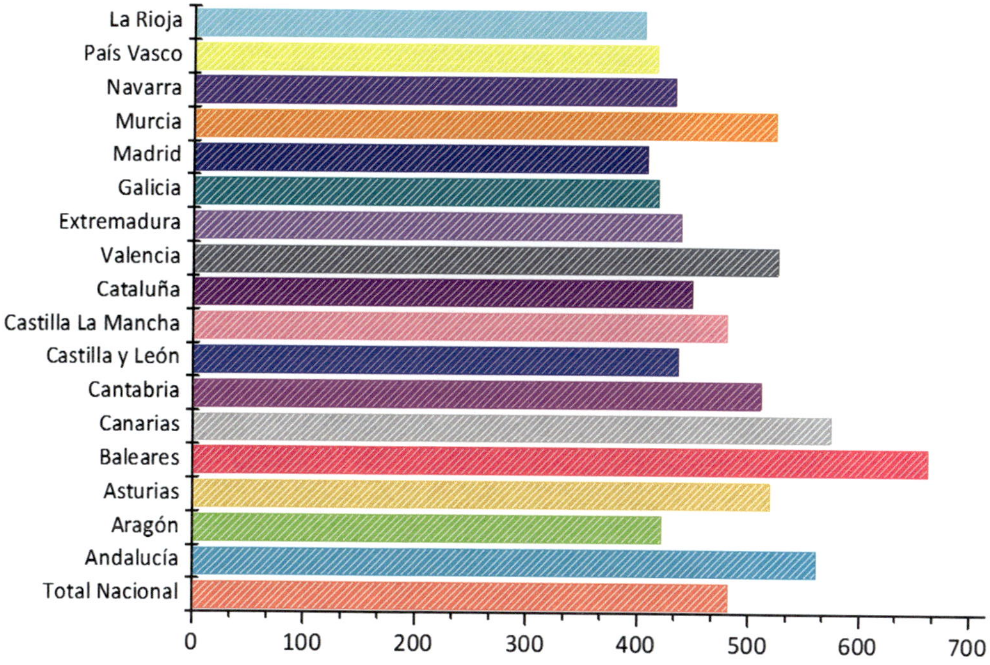

FIGURA 2.10.

Cantidad per cápita de residuos recogidos por comunidades autónomas, periodo y clase de residuos (elaboración propia a partir de los datos del INE, 2022).

En España, las principales vías de valorización de los RSU son: reciclado, compostaje, incineración y vertedero. La Figura 2.11 presenta la cantidad de residuos generados a nivel nacional en 2020 y cómo se distribuyen entre las diferentes vías de gestión.

Como se puede observar, el sistema de gestión predominante en España es la eliminación directa de residuos en vertederos, donde se destina un 49,4 % de los residuos urbanos generados. El reciclado ocupa el segundo lugar (20,4 %) entre los métodos de gestión de residuos más utilizados, seguido del compostaje. Ambos sistemas han experimentado un aumento en los últimos años. La valorización energética representa un porcentaje del 10 %, siendo similar al de años anteriores.

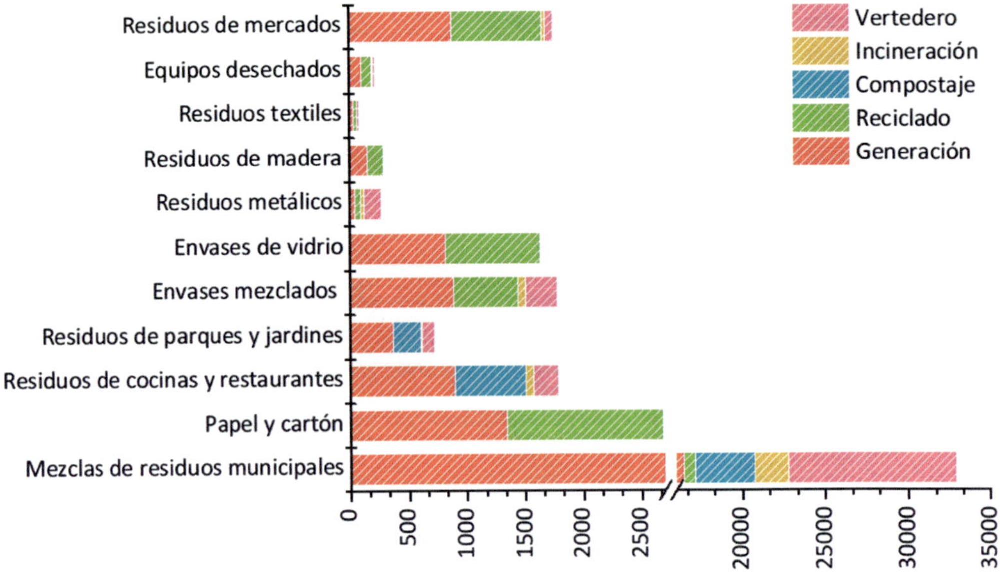

FIGURA 2.11.
Cantidad de residuos generados (toneladas) a nivel nacional en 2020 y su distribución entre las diferentes vías de valorización (elaboración propia a partir de los datos del MITECO, 2020).

4.2 Residuos agroindustriales

Los residuos agroindustriales se generan en los procesos productivos que tienen lugar en las agroindustrias, es decir, el conjunto de industrias relacionadas con la agricultura, incluyendo la alimentaria. A nivel global, se desaprovecha cerca del 45 % de las frutas y verduras, el 35 % de pescados y mariscos, el 30 % de cereales, el 20 % de productos lácteos y el 20 % de carne. Esto equivale a alrededor de 1.300 millones de toneladas de desperdicios anuales (FAO, 2021). Tradicionalmente, los residuos agroindustriales se han considerado como un problema ambiental y una carga económica para las empresas. Sin embargo, en la actualidad, debido a que son fuentes ricas en carbono y compuestos activos, se reconoce su alto potencial para la generación de productos de valor agregado en diversos sectores. Generalmente, se pueden aprovechar para producir productos bioenergéticos como bioetanol, biodiésel o biogás, así como para fabricar otros productos de interés como ladrillos, materiales compuestos, bioplásticos, entre otros.

De acuerdo con el Anuario de Estadística 2023 del Ministerio de Agricultura, Pesca y Alimentación, en España, los principales residuos agroindustriales generados en 2022 derivan de la remolacha azucarera y el girasol.

4.3 Residuos ganaderos

Entre los residuos de origen animal, los residuos ganaderos son obtenidos del tratamiento de las deyecciones de animales en explotaciones avícolas, porcinas y ovinas intensivas. Los residuos ganaderos son residuos de naturaleza orgánica que constan de una fracción orgánica (fuente de energía) y una fracción mineral (fuente de elementos inorgánicos). También pueden contener sustancias orgánicas tóxicas, elementos minerales potencialmente tóxicos y microorganismos patógenos.

En España se producen al año más de 72 millones de toneladas de residuos ganaderos, en concreto 46 millones de toneladas de purines y 28 millones de toneladas de estiércoles y gallinaza (MINECO, 2017).

La principal aplicación de los residuos ganaderos es como fertilizante en parcelas lo que permite suministrar elementos nutritivos a los cultivos. Una forma de valorizar estos residuos es mediante la producción de biogás. Se estima que en España el potencial de biogás disponible de estos residuos es de 1.130.300 tep/año, el cual puede ser usado, al igual que el gas natural, para calefacción y para producción de electricidad.

5. BIOMASA ALGAL

La biomasa acuícola o algal se refiere las microalgas, que son organismos fotosintéticos capaces de convertir la energía solar en energía química a través de la fotosíntesis. En este proceso, capturan CO_2 y N_2 atmosférico, contribuyendo a mitigar el efecto invernadero. Destacan por un rápido crecimiento incluso en condiciones variables de pH y temperatura o en aguas residuales (Agencia Andaluza de la Energía, 2020). Algunas especies que se pueden utilizar y se cultivan a escala industrial son: *Arthrospira* (o *Spirulina*) *platensis* con fines dietéticos, *Chlorella* sp., que se emplea en nutracéuticos y para acuicultura, *Dunaliella salina*, *Haematococcus pluvialis* y *Porphyridium cruentum* para la obtención de pigmentos y *Nannochloropsis gaditana* para acuicultura, la obtención de ácidos grasos poliinsaturados y lípidos como materia prima para biodiesel, entre otros compuestos de interés.

El plan de energías renovables del Ministerio de Industria, Turismo y Comercio (2011) describe la posibilidad de emplear algas para usos energéticos, y en concreto para la producción de biocarburantes. No obstante, la producción comercial de biocombustibles a partir de algas aún enfrenta diversos desafíos que deben superarse, p. ej. la viabilidad técnico-económica a gran escala (Agencia Andaluza de la Energía, 2020). Por ello, no se puede establecer su potencial a nivel nacional o regional.

6. LOGÍSTICA DE LA BIOMASA Y OPERACIONES PREVIAS

La logística de la biomasa hace referencia al conjunto de actividades necesarias para gestionar eficazmente el flujo de biomasa desde su fuente (producción o recolección) hasta su destino final, que puede ser una planta de procesamiento, una biorrefinería o un punto de consumo. Este proceso incluye la planificación, el manejo, el transporte, el almacenamiento y la preparación de la biomasa para su uso.

Algunos aspectos esenciales relativos a la logística de la biomasa son la recolección, el transporte y el almacenamiento, así como su coste y viabilidad, como se muestran en la siguiente Figura 2.12.

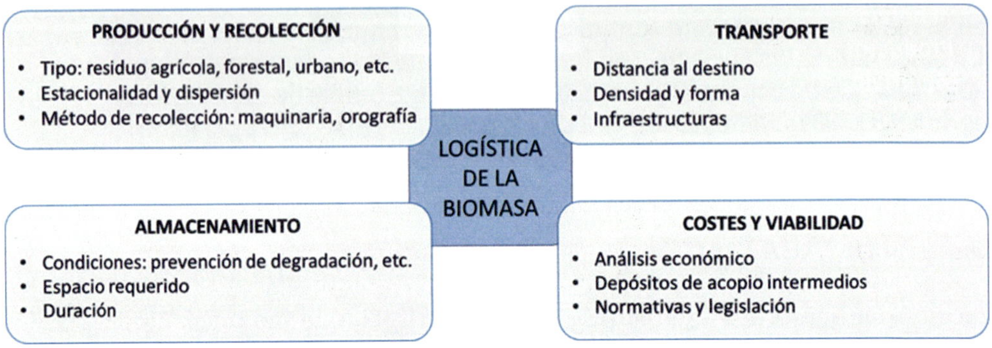

FIGURA 2.12.
Aspectos relevantes de la logística de la biomasa.

Para que la biomasa pueda procesarse en una biorrefinería, primero debe ser recolectada desde el campo o el lugar de producción y luego transportada al centro de transformación. Una vez allí, se realiza una serie de operaciones preliminares que preparan la biomasa, adaptándola a los requisitos específicos del proceso de conversión seleccionado. Estas operaciones se muestran en la Figura 2.13, aunque no en todos los casos es preciso realizar la totalidad de ellas:

- **Astillado o trituración:** este proceso consiste en reducir el tamaño de la biomasa, transformándola en trozos más pequeños mediante el uso de astilladoras o trituradoras. Esto facilita tanto la manipulación como el procesamiento posterior, permitiendo una mejor eficiencia en la conversión de la biomasa.
- **Empacado:** después del triturado, la biomasa se compacta en paquetes o fardos que facilitan su transporte y almacenamiento. Este empacado reduce el volumen de la biomasa, disminuyendo así los costos de logística y permitiendo un manejo más práctico de grandes cantidades de material.
- **Secado natural o forzado:** es esencial disminuir el contenido de humedad de la biomasa antes de su conversión, ya que el exceso de

FIGURA 2.13.
Aspectos relevantes de la logística de la biomasa.

agua puede afectar a la eficiencia de muchos procesos. El secado natural se realiza al aire libre, aprovechando el sol y el viento, mientras que el secado forzado implica el uso de equipos mecánicos, como secadores industriales, para lograr un secado más rápido y controlado.

- **Molienda:** una vez secada, la biomasa pasa por un proceso de molienda en el que se pulveriza hasta obtener partículas de menor tamaño. Esta reducción en partículas finas es fundamental para ciertos métodos de conversión, como la combustión o la gasificación, en los que se busca maximizar la superficie de reacción.
- **Densificación:** finalmente, la biomasa se puede compactar en formas específicas, como *pellets* o briquetas, mediante procesos de densificación. Este paso permite aumentar la densidad energética del material, facilitando su almacenamiento y transporte, y mejorando la eficiencia en los procesos de conversión energética.

CONCLUSIONES

1. La biomasa es un recurso abundante y diverso, fundamental para el desarrollo de biorrefinerías y la transición hacia una economía circular y sostenible.
2. España, especialmente Andalucía y Jaén, posee un gran potencial biomásico, sobre todo de residuos agrícolas y forestales, que puede impulsar el empleo y la economía local.

3. La estacionalidad, dispersión y heterogeneidad de la biomasa exigen soluciones logísticas y tecnológicas avanzadas para su eficiente aprovechamiento.
4. La gestión adecuada de la biomasa requiere la integración de cadenas de suministro eficientes y procesos de conversión adaptados a cada tipo de materia prima.
5. Los residuos urbanos, ganaderos y la biomasa algal son fuentes prometedoras, aunque su aprovechamiento presenta desafíos técnicos y económicos que deben superarse.
6. El éxito de las biorrefinerías en la transición energética dependerá crucialmente de la correcta selección, preparación y logística de la biomasa.

BIBLIOGRAFÍA

Agencia Andaluza de la Energía, Consejería de Industria, Energía y Minas (2020): "La bioenergía en Andalucía". https://www.agenciaandaluzadelaenergia.es/sites /default/files/Documentos/3_2_0068_20_LA_BIOENERGIA_EN_ANDALUCIA.PDF

Agencia Andaluza de la Energía, Conserjería de Industria, Energía y Minas (2024): "Mapa de recurso e instalaciones de biomasa en Andalucía". https://www.agenciaandaluzadelaenergia.es/es/informacion-energetica/cartografia-energetica/mapa-de-recurso-e-instalaciones-de-biomasa-en-andalucia

Batidzirai, B., Smeets, E. M. W. y Faaij, A. P. C. (2012): "Harmonising bioenergy resource potentials—Methodological lessons from review of state of the art bioenergy potential assessments". *Renewable and Sustainable Energy Reviews*, 16(9), 6598–6630.

Bioplat. Plataforma Española Tecnológica y de Innovación en Biocircularidad (2017): *Manual sobre las Biorrefinerías en España*. https://www.suschem-es.org/docum/pb/2017/publicaciones/Manual_de_Biorrefinerias_en_Espana_feb_2017.pdf

BOE (2021): "Ley 22/2011, de 28 de julio, de residuos y suelos contaminados". https://www.boe.es/buscar/act.php?id=BOE-A-2011-13046

Cardoza, D., Romero, I., Martínez, T., Ruiz, E., Gallego, F. J., López-Linares, J. C., Manzanares, P. y Castro, E. (2021): "Location of Biorefineries Based on Olive-Derived Biomass in Andalusia, Spain". *Energies*, 14(11), 3052.

FAO. Organización de las Naciones Unidas para la Agricultura y la Alimentación (2021): "Cultivos y productos de ganadería". https://www.fao.org/statistics/es

Gálvez Pérez, Á. M. (2023): "Valorización del orujillo mediante tratamientos hidrotérmicos y térmicos a nivel industrial y obtención de productos de valor añadido". Tesis doctoral. Departamento de Ingeniería Química. Universidad de Granada.

Gómez-Cruz, I., Contreras, M. del M., Romero, I. y Castro, E. (2024): "Towards the Integral Valorization of Olive Pomace-Derived Biomasses through Biorefinery Strategies". *ChemBioEng Reviews*, 11(2), 253–277.

INE. Instituto Nacional de Estadística (2017): "Datos residuos municipales". https://www.ine.es/prensa/residuos_2017.pdf

INE. Instituto Nacional de Estadística (2022): "Estadística sobre recogida y tratamiento de residuos. Año 2022". https://www.ine.es/dyngs/INEbase/es/operacion.htm?c=estadistica_C&cid=1254736176844&menu=ultiDatos&idp=1254735976612

Joshi, N. C., Sinha, S., Bhatnagar, P., Nath, Y., Negi, B., Kumar, V. y Gururani, P. (2024): "A concise review on waste biomass valorization through thermochemical conversion". *Current Research in Microbial Sciences*, 6, 100237.

Junta de Andalucía (2024): "Aforo de producción de olivar en Andalucía. Campaña 2024-2025". https://www.juntadeandalucia.es/sites/default/files/inline-files/2024/10/Estimacion_ACEITE_MESA_2024_25_LARGA_0.pdf

MAPA. Ministerio de Agricultura, Pesca y Alimentación (2022): "Informe cierre de campaña de la situación de mercado del sector del aceite de oliva. Campaña 2021/22". https://www.mapa.gob.es/es/agricultura/temas/producciones-agricolas/informecierre campanadelasituaciondemercadodelsectordelaceitedeoliva_septiembre2022_tcm30-652098.pdf

MAPA. Ministerio de Agricultura, Pesca y Alimentación (2023a): "Anuario De Estadística 2023". https://www.mapa.gob.es/estadistica/pags/anuario/2023/global%202023/ANUARIO_2023.pdf

MAPA. Ministerio de Agricultura, Pesca y Alimentación (2024a): "Informe cierre de campaña de la situación de mercado del sector del aceite de oliva. Campaña 2022/23". https://www.mapa.gob.es/eu/agricultura/temas/producciones-agricolas/informecierrecampanadelasituaciondemercado delsectordelaceitedeoliva_ spetiembre2023_tcm35-683981.pdf

MAPA. Ministerio de Agricultura, Pesca y Alimentación (2024b): "Avances e informes de la situación de mercado del sector del Aceite de oliva y la Aceituna de mesa". https://www.mapa.gob.es/en/agricultura/temas/producciones-agricolas/aceite-oliva-y-aceituna-mesa/avances.aspx

Ministerio de Economía, Industria y Competitividad (2017): "Manual sobre las Biorrefinerías en España". https://www.suschem-es.org/docum/pb/2017/publicaciones/Manual_de_Biorrefinerias_en_Espana_feb_2017.pdf

MITECO. Ministerio para la Transición Ecológica y el Reto Demográfico (2020): "Memoria Anual de generación y gestión de residuos de competencia municipal 2020". https://www.miteco.gob.es/content/dam/miteco/es/calidad-y-evaluacion-ambiental/publicaciones/memoriaanualdegeneracionygestionderesiduosresiduosde competenciamunicipal2020_tcm30-550100.pdf

MITECO. Ministerio para la Transición Ecológica y el Reto Demográfico (2021): "Anuario de estadística Forestal". https://www.miteco.gob.es/content/dam/miteco/es/ biodiversidad/estadisticas/aef2021/anuario-estadistica-forestal-2021.pdf

Ministerio de Industria, Turismo y Comercio. Plan de Energías Renovables 2011-2020 (2011): "Resumen del Plan de Energías Renovables". https://www.idae.es/sites/default/files/documentos/publicaciones_idae/documentos_resumen_per_2011-2020_15f3dad6.pdf

Orive, M., Cebrián, M., Amayra, J., Zufía, J. y Bald, C. (2021): "Integrated biorefinery process for olive pomace valorisation". *Biomass and Bioenergy*, 149, 106079.

Sanz, A., Parra, T., Polonio, D. y Manrique, T. (2023): "Estimación de índices e indicadores relacionados con los recursos biomásicos procedentes de las almazaras y las entamadoras del olivar". *Jaén, Fundación para la Promoción y Desarrollo del Olivar y del Aceite de Oliva.*

RESUMEN

Este capítulo expone las principales tecnologías de conversión de biomasa en bioproductos y energía. Describe tres grandes rutas: termoquímica, bioquímica y físico-química. La vía termoquímica incluye procesos como la combustión, la pirólisis y la gasificación, que transforman la biomasa mediante altas temperaturas para generar calor, biocombustibles gaseosos o líquidos y subproductos sólidos como el char. La ruta bioquímica comprende la fermentación (productora de etanol, ácidos orgánicos e hidrógeno) y la digestión anaerobia (generadora de biogás rico en metano). Se detallan las etapas, condiciones operativas y microorganismos implicados en estos procesos. La ruta físico-química, por su parte, aborda pretratamientos como la explosión por vapor, el Aquasolv, AFEX o la explosión con CO_2, que modifican la estructura lignocelulósica para facilitar la posterior conversión. Cada tecnología presenta ventajas, limitaciones y requisitos específicos que condicionan su aplicación a escala industrial.

03

TECNOLOGÍAS DE CONVERSIÓN

Pedro García Haro[1]
Fernando Vidal Barrero[1]
Cristina Marzo Gago[2]

1. INTRODUCCIÓN A LAS TECNOLOGÍAS DE CONVERSIÓN

Las tecnologías de conversión (rutas) de biomasa se pueden clasificar en químicas, termoquímicas y bioquímicas. La ruta química implica la transformación de una fracción de la biomasa de composición homogénea (típicamente un aceite vegetal) en un producto de alto valor añadido. Un ejemplo clásico por su extensión e importancia de conversión química es la producción de biodiesel FAME (éster metílico de ácido graso). En el caso de la ruta termoquímica, se produce una transformación de biomasas (pretratadas o no) mediante el empleo de alta temperatura. En el caso de la ruta bioquímica, la materia prima biomásica debe ser tratada para obtener un sustrato de composición homogénea (típicamente una disolución de azúcares) para poder ser transformado por la acción de microorganismos.

1. Universidad de Sevilla.
2. Universidad de Jaén.

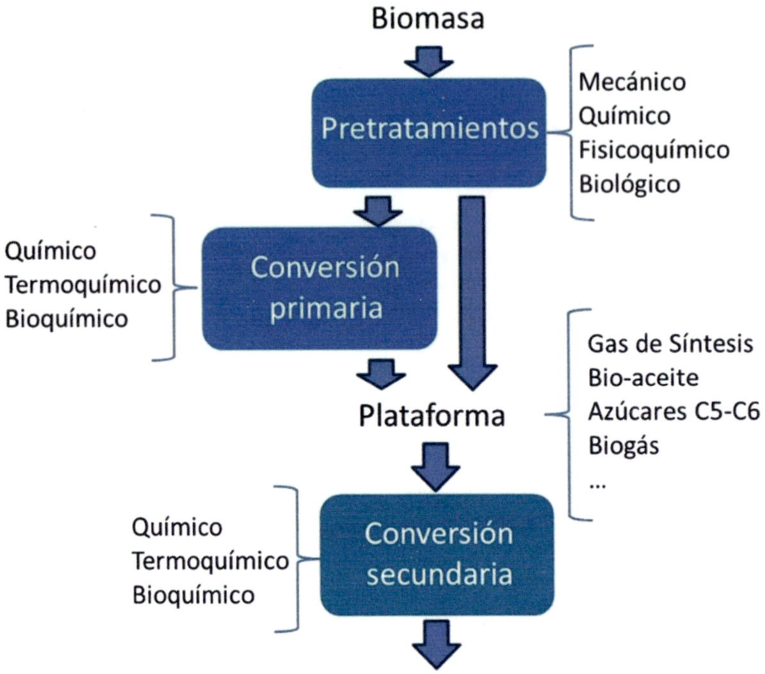

FIGURA 3.1.
Esquema conceptual de una biorrefinería, donde se incluyen las posibles rutas de procesado o conversión en cada una de las etapas.

La Figura 3.1 muestra el esquema general de las principales etapas que conforman, o pueden conformar, una biorrefinería y de las rutas de transformación que pueden emplearse para cada una de ellas. Es habitual la producción de un producto intermedio (plataforma o *platform*) que permite, tanto la homogenización cuando se parte de distintas fracciones biomásicas, como la base para la obtención de compuestos de (muy) alto valor añadido.

2. PROCESOS TERMOQUÍMICOS: GASIFICACIÓN, PIRÓLISIS Y COMBUSTIÓN

Los procesos termoquímicos implican la transformación de la biomasa mediante reacciones químicas a una alta temperatura. El proceso de combustión es el ejemplo clásico, donde la biomasa reacciona con oxígeno, presente en el aire, para producir energía térmica que pueda aprovecharse con diferentes fines (producción eléctrica, vapor de proceso, etc.). Asimismo, existen dos alternativas ampliamente estudiadas y con aplicaciones comerciales que se diferencian de la combustión por la existencia de reacciones fuertemente endotérmicas. Así, se puede diferenciar la gasificación y pirólisis de la combustión, como se muestra

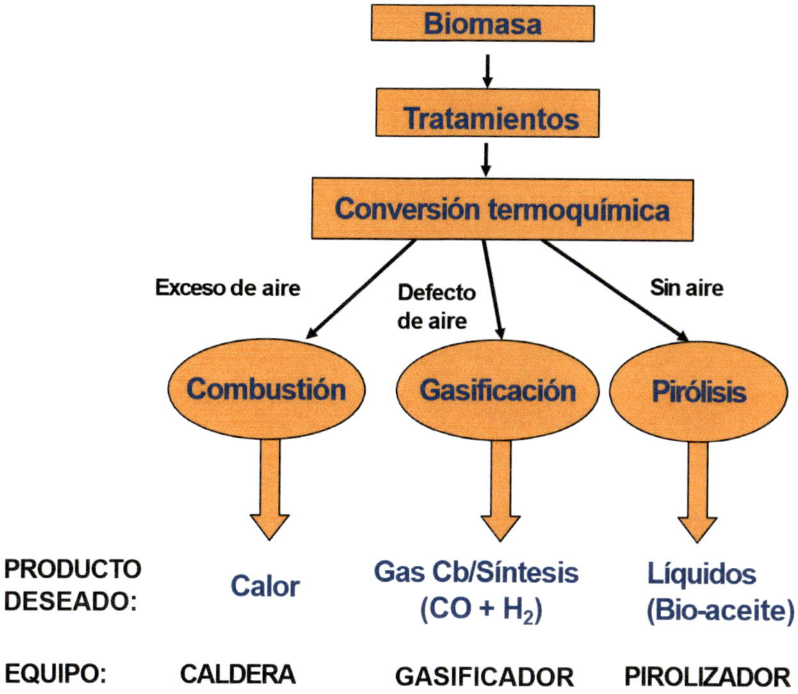

FIGURA 3.2.
Diferentes procesos termoquímicos.

en la Figura 3.2. Esta figura también compara los procesos termoquímicos en términos del producto generado. También, se puede diferenciar la torrefacción, que es un caso especial, ya que se considera un pretratamiento más que una tecnología de conversión propiamente dicha.

En la pirólisis, las partículas de biomasa se secan y posteriormente se devolatilizan (proceso endotérmico). La energía necesaria es aportada de forma externa o a través de un material sólido que podrá ser o no inerte. La temperatura que alcance la partícula, así como la velocidad de calentamiento, determinará la composición de los volátiles. Si el tiempo de residencia en el sistema es suficientemente largo se producen transformaciones químicas posteriores que determinarán la fracción líquida y gaseosa que se generará al finalizar la pirólisis. El resto sólido de partícula no devolatilizada se denomina char (Figura 3.3).

Los productos principales de la pirólisis son el char (sólido compuesto de carbono y cenizas), el bioaceite (fracción líquida compuesta de una fase acuosa con presencia de ácido orgánicos y aldehídos y una fase oleosa con presencia de fenoles complejos) y gases de pirólisis (fundamentalmente CO, CH_4 y C_2 y otros hidrocarburos de cadena corta).

En el caso de la gasificación, los procesos que sufre la partícula de biomasa son compartidos a grandes rasgos con la pirólisis, aunque añadiendo una etapa final de conversión secundaria del char (denominada

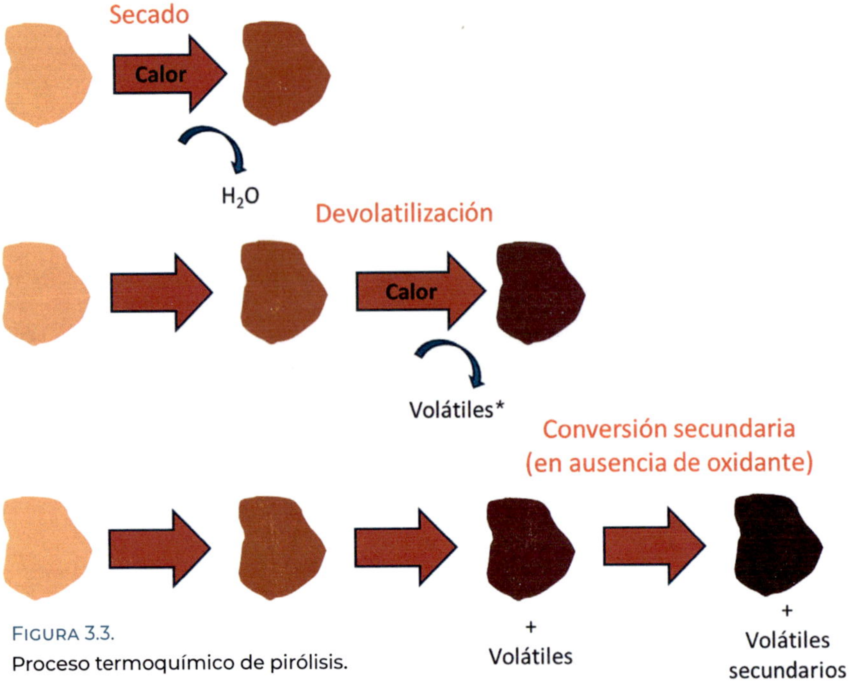

FIGURA 3.3.
Proceso termoquímico de pirólisis.

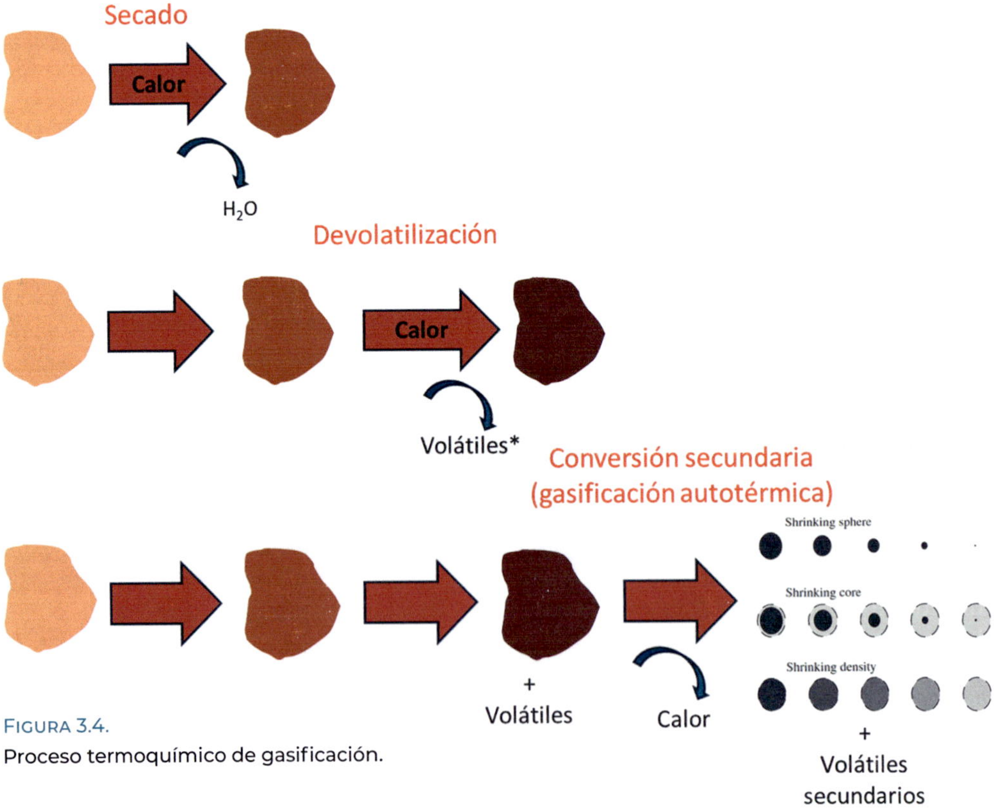

FIGURA 3.4.
Proceso termoquímico de gasificación.

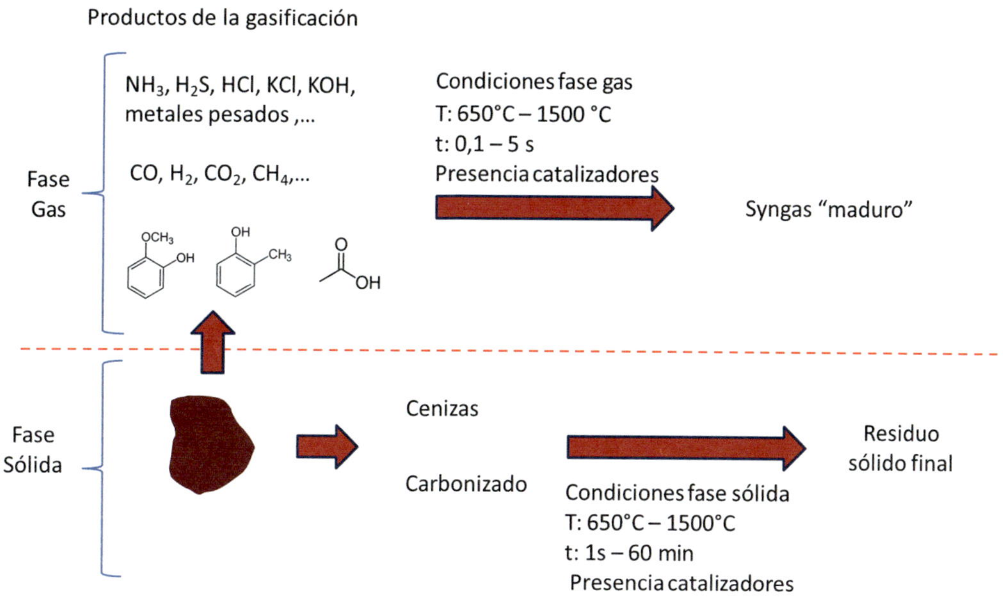

FIGURA 3.5.
Productos de gasificación.

propiamente como gasificación), donde el char reacciona con el vapor de agua presente y/o el CO_2 aumentando la conversión en gas de la biomasa alimentada al proceso. Dependiendo de las condiciones de temperatura, tiempo de residencia y composición de la atmósfera en el gasificador los volátiles sufren transformaciones químicas más o menos extensas. Los volátiles reaccionan rápidamente con el oxígeno alimentado produciendo calor (Figura 3.4). El carbonizado es igualmente combustionado, aunque su velocidad de reacción puede ser varios ordenes de magnitud menor que la de los volátiles.

Los productos de la gasificación se presentan en la Figura 3.5 donde la posible presencia de catalizadores específicos permitiría la obtención de una fracción gaseosa (gas de síntesis o syngas) que consista principalmente en H_2, CO, CO_2 y H_2O.

3. PROCESOS BIOQUÍMICOS: FERMENTACIÓN Y DIGESTIÓN ANAEROBIA

La biomasa lignocelulósica representa una de las fuentes de carbono más abundantes y sostenibles para la producción de bioenergía y bioproductos. Su conversión mediante procesos bioquímicos, como la fermentación y la digestión anaerobia, permite la generación de compuestos de alto valor agregado, incluyendo biocombustibles como el bioetanol y el biogás, así como otros productos químicos renovables (Tabla 3.1). Sin

Tabla 3.1.
Principales usos de los productos obtenidos de los procesos bioquímicos.

Proceso	Producto	Microorganismo	Uso
Fermentación alcohólica	Etanol	*Saccharomyces cerevisae*	Combustible
Fermentación láctica	Ácido láctico	*Lactobacillus* sp.	· Industria alimentaria (conservante y acidulante) · Industria farmacéutica · Industria textil · Industria química
Fermentación a ácido succínico	Ácido succínico	*Actinobacillus succinogenes*	Precursor en la producción de polímeros biodegradables, resinas y otros productos químicos
Fermentación oscura	Hidrógeno	Cultivo mixto: *Clostridium* sp., *Enterobacter* sp., *Escherichia coli*	Combustible
Fotofermentación	Hidrógeno	*Rhodobacter, Rhodospirillum* y *Rhodopseudomonas*	Combustible
Digestión anaerobia	Biogás	Cultivo mixto	Combustible

embargo, la naturaleza recalcitrante de la lignocelulosa impone desafíos técnicos que requieren estrategias de pretratamiento y optimización de cultivos microbianos especializados. La fermentación, impulsada por microorganismos capaces de hidrolizar y metabolizar azúcares derivados de la celulosa y hemicelulosa, es clave para la producción de bioetanol y ácidos orgánicos, mientras que la digestión anaerobia aprovecha la biodegradabilidad de los residuos para generar biogás como fuente de energía. En este apartado, se exploran los fundamentos y avances en estos procesos, destacando su papel en la transición hacia una bioeconomía circular y sostenible.

3.1 Transformación de la biomasa a través de la fermentación

La fermentación es un proceso metabólico en el que los microorganismos transforman sustratos carbonados en productos diversos en condiciones anaerobias, generando energía en forma de ATP. Es clave en la producción de biocombustibles como el etanol y compuestos químicos renovables, contribuyendo a la valorización de la biomasa. También puede obtenerse hidrógeno mediante fermentación.

El etanol es un biocombustible obtenido por fermentación de azúcares mediante microorganismos, principalmente *Saccharomyces cerevisiae*. Su producción a partir de biomasa lignocelulósica requiere cuatro etapas: pretratamiento, hidrólisis, fermentación y purificación (Figura 3.6).

1. **Pretratamiento:** modifica la estructura de la biomasa para facilitar su posterior hidrólisis, utilizando métodos físicos (molienda, astillado), químicos (ácidos, álcalis), fisicoquímicos (explosión de vapor) o biológicos (hongos degradadores de lignina).
2. **Hidrólisis:** convierte la celulosa y hemicelulosa en azúcares fermentables mediante hidrólisis ácida (rápida pero genera inhibidores) o enzimática (más eficiente y sostenible).
3. **Fermentación:** *S. cerevisiae* es la levadura más utilizada, aunque no fermenta pentosas, por lo que se emplean otras especies o consorcios microbianos. Factores como temperatura (30-37° C), pH (5-6), concentración de azúcares e inhibidores afectan el rendimiento del etanol.
4. **Purificación:** se obtiene etanol de alta pureza mediante destilación, eliminando impurezas como ácidos orgánicos y compuestos fenólicos.

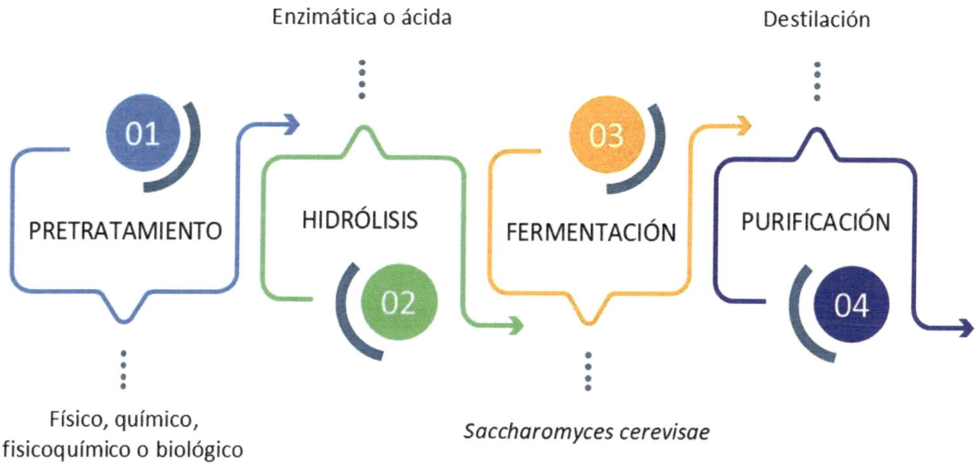

FIGURA 3.6.
Etapas del proceso de obtención de etanol a partir de biomasa.

El **ácido succínico** representa un compuesto plataforma clave en la química verde, con aplicaciones que abarcan desde la síntesis de polímeros hasta la industria alimentaria. Según el Departamento de Energía de Estados Unidos, el ácido succínico es un compuesto clave para el desarrollo de biorrefinerías dentro de los 12 principales bioproductos químicos de plataforma. Producido mediante fermentación anaerobia por cepas bacterianas especializadas (*Actinobacillus succinogenes*), este compuesto de cuatro carbonos se obtiene mediante rutas metabólicas que fijan CO_2, ofreciendo así un balance negativo de emisiones (Salma *et al.,* 2021). Sus principales aplicaciones incluyen:

- **Poliésteres biodegradables:** como precursor del polibutileno succinato (PBS), utilizado en films agrícolas y envases alimentarios.
- **Resinas ecológicas:** componente clave en la producción de poliuretanos verdes para espumas aislantes.
- **Sector farmacéutico:** excipiente en formulaciones de liberación controlada.
- **Aditivo alimentario:** como regulador de acidez (E363) en productos cárnicos y lácteos.

En cuanto al **ácido láctico**, su importancia industrial radica principalmente en su conversión a **poliácido láctico (PLA)**, actualmente el biopolímero más comercializado a nivel global. Producido por fermentación homoláctica mediante *Lactobacillus* spp., su síntesis óptima requiere un estricto control de parámetros (T=30-43° C, pH 5-6) para evitar la inhibición por acumulación del producto (Ahmad *et al.,* 2020). Las aplicaciones del PLA incluyen (Wu *et al.,* 2025):

- **Envases sostenibles:** botellas, films y vasos compostables.
- **Dispositivos médicos:** suturas reabsorbibles, implantes ortopédicos.
- **Textiles técnicos:** fibras para ropa deportiva y geotextiles.
- **Impresión 3D:** filamentos para prototipado rápido.

Estos ácidos orgánicos ilustran el potencial de los procesos biotecnológicos para sustituir derivados petroquímicos en aplicaciones de alto valor añadido. Su producción mediante biorrefinerías integradas permite desarrollar cadenas de valor circulares, donde subproductos agrícolas se transforman en materiales avanzados con menor huella ambiental que sus equivalentes fósiles. La optimización de cepas microbianas y procesos de fermentación continúa expandiendo sus aplicaciones comerciales en el marco de la bioeconomía.

El **hidrógeno** es un vector energético con gran potencial para la transición hacia un modelo energético más sostenible. No es una fuente de energía primaria, sino un portador que permite almacenar y transportar energía de diversas fuentes. Su obtención puede realizarse a partir de distintos procesos, lo que da lugar a una clasificación por colores según su impacto ambiental (Figura 3.7).

Cuando es producido a partir de fuentes biológicas, como biomasa, algas o residuos orgánicos, se denomina biohidrógeno y emerge como una solución energética limpia y renovable. El hidrógeno (cuya combustión solo genera agua como subproducto) se puede producir a partir de la biomasa mediante dos rutas biológicas fundamentales que aprovechan diferentes mecanismos metabólicos, la fermentación oscura y la fotofermentación.

La fermentación oscura, llevada a cabo por bacterias anaerobias como *Clostridium* y *Enterobacter*, permite transformar diversos tipos de biomasa

FIGURA 3.7.
Los colores del hidrógeno.

y residuos orgánicos en hidrógeno (Akram *et al.,* 2024). Este proceso opera en condiciones específicas, con temperaturas óptimas que varían entre 35-40° C para microorganismos mesófilos y hasta 82° C para cepas termófilas, manteniendo un pH ligeramente ácido, entre 5,5 y 6,5. La eficiencia del proceso depende críticamente de la ausencia de inhibidores como amoníaco o metales pesados, alcanzando rendimientos típicos de 1-3 moles de hidrógeno por mol de glucosa procesada (Gbiete *et al.,* 2024).

Complementariamente, la fotofermentación realizada por bacterias fotosintéticas como *Rhodobacter* y *Rhodopseudomonas* aprovecha la energía solar para convertir los ácidos orgánicos residuales de la fermentación oscura en hidrógeno adicional. Este segundo proceso requiere condiciones controladas de iluminación (en el rango de 400-1.000 nm), temperaturas cercanas a 30° C y una cuidadosa limitación de nitrógeno para maximizar la producción de hidrógeno (Emisha *et al.,* 2024).

La integración de ambos procesos en sistemas híbridos representa una estrategia prometedora, donde la fermentación oscura proporciona la materia prima inicial y la fotofermentación completa la conversión de los subproductos, mejorando significativamente el rendimiento global del sistema. Sin embargo, esta tecnología enfrenta desafíos importantes que incluyen eficiencias energéticas todavía modestas (inferiores al 15 %), costos de producción elevados (entre 2-4 dólares por kilogramo) y la necesidad de desarrollar sistemas escalables a nivel industrial.

A pesar de estas limitaciones, el biohidrógeno destaca como una opción sostenible que podría integrarse eficazmente en el concepto de biorrefinerías, contribuyendo al desarrollo de una economía circular baja en carbono. Las investigaciones actuales se centran en el desarrollo de cepas microbianas más eficientes, la optimización de biorreactores y la reducción de costos, con el objetivo de posicionar esta tecnología como una alternativa viable a los métodos convencionales de producción de hidrógeno.

3.2 Transformación de la biomasa a través de la digestión anaeróbica

La digestión anaerobia de biomasa lignocelulósica es un proceso biológico en el que microorganismos descomponen la materia orgánica en ausencia de oxígeno para producir biogás, una mezcla de gases compuesta principalmente por metano (CH_4), que representa entre el 50 y 70 %, y dióxido de carbono (CO_2), principalmente.

Este proceso ocurre en cuatro etapas principales (Figura 3.8): hidrólisis, acidogénesis, acetogénesis y metanogénesis.

- **Hidrólisis.** Las macromoléculas complejas de la biomasa lignocelulósica (celulosa, hemicelulosa y lignina) son degradadas por enzimas extracelulares en compuestos más simples, como azúcares, aminoácidos y ácidos grasos. Sin embargo, la lignina es altamente recalcitrante, lo que limita la biodegradabilidad del sustrato y requiere pretratamientos físico-químicos o biológicos para mejorar la accesibilidad de los microorganismos.
- **Acidogénesis.** Los compuestos solubilizados en la hidrólisis son convertidos por bacterias fermentativas en ácidos orgánicos, alcoholes, hidrógeno (H_2) y CO_2.
- **Acetogénesis.** Los productos de la acidogénesis, especialmente los ácidos grasos volátiles como el ácido propiónico y butírico, son transformados en ácido acético, H_2 y CO_2 por bacterias acetogénicas.
- **Metanogénesis.** En la etapa final, arqueas metanogénicas utilizan ácido acético y H_2 para producir metano, el principal componente del biogás. Debido a su contenido energético, el biogás puede emplearse como fuente renovable para la generación de electricidad, calor o como biometano tras su purificación, contribuyendo a la valorización de residuos lignocelulósicos.

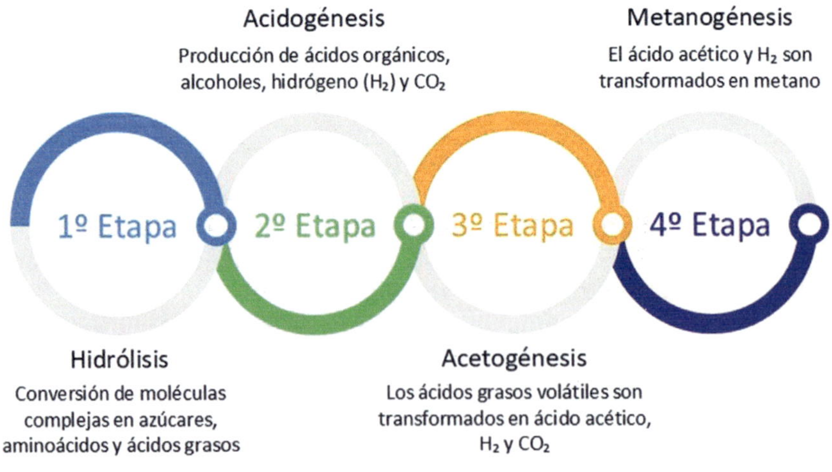

FIGURA 3.8.
Etapas del proceso de digestión anaerobia.

Dado que la estructura de la lignocelulosa dificulta su degradación, la eficiencia de la digestión anaerobia puede mejorarse mediante pretratamientos (químicos, físicos o biológicos) que aumenten la accesibilidad de la celulosa y hemicelulosa para la hidrólisis. Además, el control de parámetros operativos como la relación C/N, el pH (6,5-8,0), la temperatura (mesofílica: 35-40° C o termofílica: 50-55° C) y el tiempo de retención es clave para optimizar la producción de biogás.

4. PROCESOS FÍSICO-QUÍMICOS

Los procesos físico-químicos constituyen un conjunto de tecnologías para el pretratamiento de la biomasa previamente a otras etapas como la ruta bioquímica. También se emplean disolventes, especialmente renovables, e intensificación con tecnologías como ultrasonidos y microondas para obtener compuestos extraíbles cuya recuperación pueda ser de interés o para reducir la cantidad de extractos en biomasas con altos porcentajes de esta fracción.

El proceso explosión por vapor (o *steam explosion*) es el más usado dado que es un proceso simple, barato, con poco impacto ambiental y fácilmente escalable. En este proceso se somete la biomasa a un vapor de alta presión (160-260° C, 7-50 bar) por corto tiempo (1-5 min) seguido de rápida despresurización hasta presión atmosférica. La descompresión explosiva rompe la estructura fibrosa de la biomasa (acción física) provocando la despolimerización de la lignina. La separación de la lignina de la celulosa requiere una etapa posterior. Ocurre la (auto)hidrólisis de la hemicelulosa debido a la generación de ácido acético en el proceso. El proceso da lugar a compuestos tóxicos para la fermentación, por lo que es necesario lavar para eliminarlos (con la consiguiente pérdida de azúcares).

En el proceso Aquasolv se sumerge la biomasa en agua líquida caliente (180-230° C) a alta presión por corto tiempo (5-60 min), concentración de sólidos < 20 % p/p en estas condiciones, la hemicelulosa se (auto)hidroliza completamente y gran parte de la lignina (30-60 %) se despolimeriza y solubiliza. Comparado con el proceso de explosión por vapor, tiene una menor generación de compuestos tóxicos, pero mayor demanda de energía y agua.

El proceso explosión de la fibra de amoniaco (*Ammonia fiber explosion* o AFEX) permite la obtención de producto sólido, no produce compuestos tóxicos, hidroliza la hemicelulosa y aunque no elimina lignina sí cambia su estructura (depolimerización), lo que no perjudica la etapa de fermentación posterior. En el proceso se sumerge la biomasa en amoníaco líquido anhidro o concentrado a temperaturas moderadas (90-100° C para herbáceas y hasta 200° C para madera) y alta presión. Se descomprime rápidamente, vaporizándose el amoníaco que se recupera y recicla. La descompresión explosiva rompe la estructura fibrosa de la biomasa, al igual que sucede con el *steam explosion*.

El proceso explosión por CO_2 (o *CO_2 explosion)* es una tecnología aún en fase de investigación, donde la alta presión del proceso puede lastrar su viabilidad económica. En el proceso se trata la biomasa con CO_2 supercrítico a temperaturas bajas (60-100° C) y alta presión (100-300 bar). La descompresión explosiva rompe la estructura fibrosa de la biomasa, al igual que la *steam explosion*, permitiendo la hidrólisis enzimática. El carácter ácido del CO_2 hidroliza la hemicelulosa. La baja temperatura evita la degradación de azúcares o la formación de compuestos tóxicos.

CONCLUSIONES

1. Las tecnologías de conversión de biomasa son fundamentales en la transformación hacia una bioeconomía sostenible, abarcando rutas químicas, termoquímicas, bioquímicas y fisicoquímicas.
2. Los procesos termoquímicos destacan por su rapidez y versatilidad, mientras que los bioquímicos ofrecen la producción de biocombustibles y bioproductos con menor huella de carbono, aunque requieren pretratamientos intensivos. Los procesos físico-químicos facilitan la desestructuración de la biomasa, siendo pasos críticos para optimizar la eficiencia de las rutas bioquímicas.
3. El biohidrógeno, producido por fermentación oscura y fotofermentación, es un vector energético prometedor para un futuro sostenible, aunque enfrenta retos de eficiencia y coste.
4. La elección de la tecnología de conversión depende de la biomasa y los productos deseados, y el desarrollo de sistemas híbridos es prometedor.
5. El desarrollo de tecnologías híbridas e integradas, que combinen las ventajas de varias rutas, se perfila como una solución prometedora para mejorar el rendimiento global y la sostenibilidad de las biorrefinerías
6. A pesar de los avances, la escalabilidad, los costos operativos y la gestión de subproductos son desafíos que requieren innovación y apoyo político.

BIBLIOGRAFÍA

Ahmad, A., Banat, F. y Taher, H. (2020): "A review on the lactic acid fermentation from low-cost renewable materials: Recent developments and challenges". *Environmental Technology and Innovation*, 20, 101138.

Akram, F., Fatima, T., Ibrar, R. y Ul Haq, I. (2024): "Biohydrogen: Production, promising progressions and challenges of a green carbon-free energy". *Sustainable Energy Technologies and Assessments*, 69, 103893.

Emisha, L., Prince, D., Vijay, S. J., Bhagavathsingh, J., Somu, P., Basavegowda, N. y Haldar, D. (2024): "Technological advancement in the production of biohydrogen from lignocellulosic biomass: A review". *Journal of Environmental Chemical Engineering*, 12, 113084.

Gbiete, D., Narra, S., Mani Kongnine, D., Narra, M.M. y Nelles, M. (2024): "Insights into Biohydrogen Production Through Dark Fermentation of Food Waste: Substrate Properties, Inocula, and Pretreatment Strategies". *Energies*, 17, 6350.

Salma, A., Djelal, H., Abdallah, R., Fourcade, F. y Amrane, A. (2021): "Well Knowledge of the Physiology of Actinobacillus succinogenes to Improve Succinic Acid Production". *Applied Microbiology*, 1, 304–328.

Wu, R., Yang, J., Jiang, Y. y Xin, F. (2025): "Advances and prospects for lactic acid production from lignocellulose". *Enzyme and Microbial Technology*, 182, 110542.

RESUMEN

El capítulo 4 explora los productos derivados de las biorrefinerías, destacando su papel clave en la transición hacia una economía sostenible. Estos incluyen biocombustibles avanzados (bioetanol, biodiésel, biogás), biomateriales como bioplásticos (PLA, PHA) y nanocelulosa, así como químicos verdes (ácido succínico, furfural). Las biorrefinerías aprovechan biomasa diversa (residuos agrícolas, microalgas) para generar productos de alto valor, reduciendo la dependencia de recursos fósiles y fomentando la economía circular. La UE impulsa su desarrollo mediante políticas como la Directiva RED II, aunque persisten desafíos como costos de producción, escalabilidad y competencia con cultivos alimentarios. Sectores emergentes (farmacéutico, textil, agroalimentario) están adoptando estos bioproductos, impulsando innovación y sostenibilidad.

04
PRODUCTOS DE UNA BIORREFINERÍA

Francisco Gabriel Acién Fernández[1]

1. INTRODUCCIÓN

Las biorrefinerías integran procesos de producción de biocombustibles, bioquímicos y biomateriales, siguiendo un enfoque análogo a las refinerías de petróleo, pero utilizando materias primas renovables. Generan una amplia gama de productos de alto valor que pueden sustituir a los derivados del petróleo y otros compuestos de origen fósil.

Entre los más importantes (Tabla 4.1) se encuentran los biocombustibles avanzados, como el bioetanol de segunda generación, el biodiésel y el biogás, que contribuyen a la reducción de emisiones y la independencia energética. También destacan los bioplásticos y biopolímeros, como el PLA y los polihidroxialcanoatos (PHA), que ofrecen alternativas biodegradables y sostenibles para la industria del embalaje y otros sectores. Además, las biorrefinerías generan bioquímicos industriales, como el ácido succínico, el furfural y el ácido

1. Universidad de Almería.

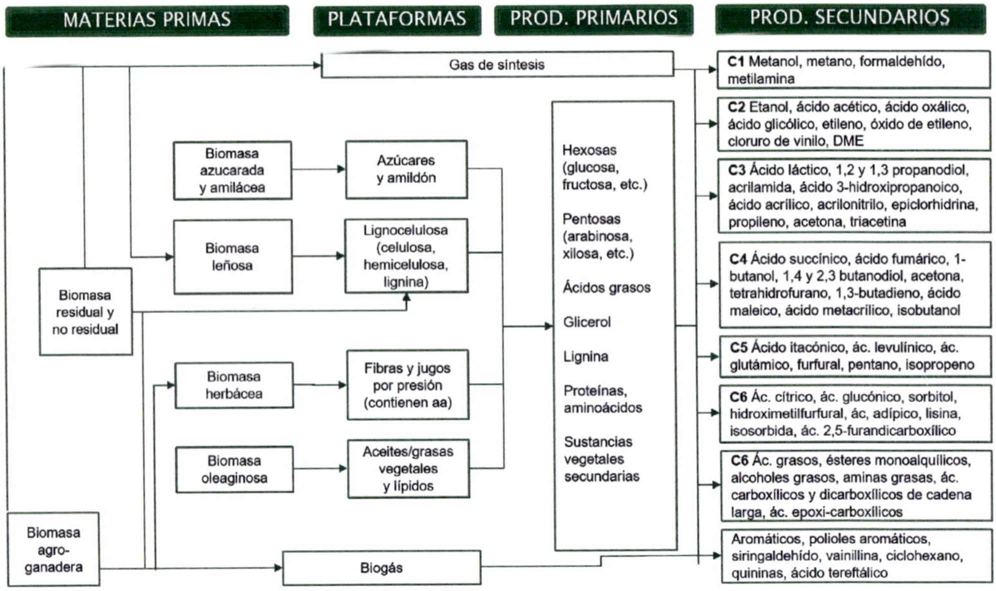

FIGURA 4.1.

Productos obtenibles en una biorrefinería, partiendo de diversos tipos de biomasas. Fuente: *Manual sobre las Biorrefinerías en España* (BIOPLAT, SusChem-España. 2017).

levulínico, que son utilizados como precursores en la fabricación de productos farmacéuticos, adhesivos y polímeros (Figura 4.1).

La ruta de producción de algunos de estos compuestos, dado su interés, se ha descrito en el capítulo 3. Por otra parte, en el ámbito agrícola, producen biofertilizantes y bioestimulantes, mejorando la productividad de los cultivos de manera ecológica. Gracias a esta diversificación, las biorrefinerías permiten el aprovechamiento integral de la biomasa, maximizando su rentabilidad y reduciendo el impacto ambiental (Kamm y Kamm, 2004).

TABLA 4.1.

Productos clave de las biorrefinerías.

Categoría	Ejemplos	Aplicaciones
Biocombustibles avanzados	Bioetanol de 2.ª generación, biodiésel, biogás	Transporte, generación de energía
Bioplásticos y biopolímeros	PLA, PHA	Embalaje, textiles, industria automotriz
Bioquímicos industriales	Ácido succínico, furfural, ácido levulínico	Farmacéutica, adhesivos, polímeros
Biofertilizantes y bioestimulantes	Compost, microorganismos beneficiosos	Agricultura ecológica, mejora de cultivos

Los productos de biorrefinerías, también llamados bioproductos, ofrecen múltiples ventajas (Tabla 4.2), destacando su contribución a la sostenibilidad y reducción de emisiones al utilizar residuos agrícolas y forestales en lugar de cultivos destinados a la alimentación. Además, permiten una diversificación productiva, generando biocombustibles, bioplásticos, bioquímicos y biofertilizantes a partir de una misma fuente de biomasa, lo que maximiza su aprovechamiento y rentabilidad. Su enfoque en la economía circular favorece la valorización de subproductos y la reducción de residuos, minimizando el impacto ambiental (Kamm y Kamm, 2004). También aportan a la independencia energética, disminuyendo la dependencia de combustibles fósiles y mejorando la seguridad energética de las regiones (Parlamento y Consejo de la Unión Europea, 2009). Su producción basada en fuentes renovables permite la fabricación de materiales biodegradables y biocompatibles, con aplicaciones en sectores como transporte, construcción, agroindustria, embalaje y medicina. Finalmente, fomentan la innovación tecnológica y el desarrollo rural, generando nuevas oportunidades de empleo y promoviendo el crecimiento de una bioeconomía sostenible (Demirbas, 2009).

Tabla 4.2.
Beneficios de los bioproductos.

Categoría	Ejemplos
Sostenibilidad y reducción de emisiones	Uso de residuos agrícolas y forestales en lugar de cultivos alimentarios
Diversificación productiva	Generación de biocombustibles, bioplásticos, bioquímicos y biofertilizantes a partir de una misma fuente de biomasa
Economía circular	Valorización de subproductos y reducción de residuos
Independencia energética	Menor dependencia de combustibles fósiles y mayor seguridad energética
Materiales renovables y biodegradables	Aplicaciones en transporte, construcción, agroindustria, embalaje y medicina
Innovación y desarrollo rural	Creación de empleo y crecimiento de la bioeconomía sostenible

La UE ha implementado diversas políticas para promover la producción y el uso de productos derivados de biorrefinerías, en línea con sus objetivos de sostenibilidad y reducción de emisiones. Una de las iniciativas clave es la Estrategia Europea de Bioeconomía, que busca fomentar la producción sostenible de alimentos, bioenergía y bioproductos, impulsando la innovación y el desarrollo en áreas rurales e industriales. En el sector del transporte, la UE ha establecido objetivos específicos para la incorporación de biocombustibles. Por ejemplo, desde este año, las petroleras están obligadas a incluir al menos un 2 % de combustibles sostenibles de aviación (SAF) en sus suministros, con una proyección de aumento gradual hasta alcanzar el 70 % en 2050 (Parlamento y Consejo de la Unión Europea, 2009). Esta medida busca reducir significativamente las emisiones en el sector aéreo. Además, la Comisión Europea ha propuesto una serie de medidas específicas para impulsar la biotecnología y la biofabricación en la UE, reconociendo su papel fundamental en la transición hacia una economía más verde y sostenible. Estas políticas reflejan el compromiso de la UE con la descarbonización y la promoción de una economía circular, incentivando la investigación, el desarrollo y la implementación de tecnologías que permitan la producción eficiente y sostenible de bioproductos (Demirbas, 2009).

2. BIOCOMBUSTIBLES

Las biorrefinerías desempeñan un papel fundamental en la producción de biocombustibles sostenibles, reduciendo la dependencia de los combustibles fósiles y fomentando la economía circular. El biodiésel, el bioetanol y el biogás son soluciones viables para la movilidad, la generación de energía y la reducción de residuos, siendo clave en la transición energética y la mitigación del cambio climático. A continuación, se analizan los tipos de biocombustibles y se detalla la relevancia de los más importantes. A través del impulso de estos biocombustibles, la UE busca disminuir su dependencia de los combustibles fósiles, fomentar el desarrollo rural y mejorar la seguridad energética.

Los biocombustibles pueden clasificarse en diferentes generaciones según sus materias primas y métodos de producción (Figura 4.2). Los biocombustibles convencionales (*primera generación*) se obtienen de cultivos agrícolas ricos en azúcares, almidones y aceites, como maíz, caña de azúcar, colza y palma. Incluyen bioetanol, obtenido por fermentación, y biodiésel (FAME), producido mediante transesterificación de aceites vegetales. También se produce biogás a través de digestión anaerobia. Sin embargo, estos combustibles presentan desafíos como la competencia con cultivos alimentarios y el cambio de uso del suelo (Fatih Demirbas, 2009). La dependencia de cultivos agrícolas para su producción ha generado controversia, ya que el aumento en la demanda de estas materias primas puede impactar los precios de los alimentos y generar problemas de seguridad alimentaria. Además, el uso intensivo de tierras para su cultivo puede contribuir a la deforestación y a la degradación de los suelos.

Los biocombustibles avanzados (*segunda generación*) se derivan de residuos agrícolas, forestales e industriales, evitando la competencia con la producción de alimentos. Ejemplos incluyen el bioetanol lignocelulósico,

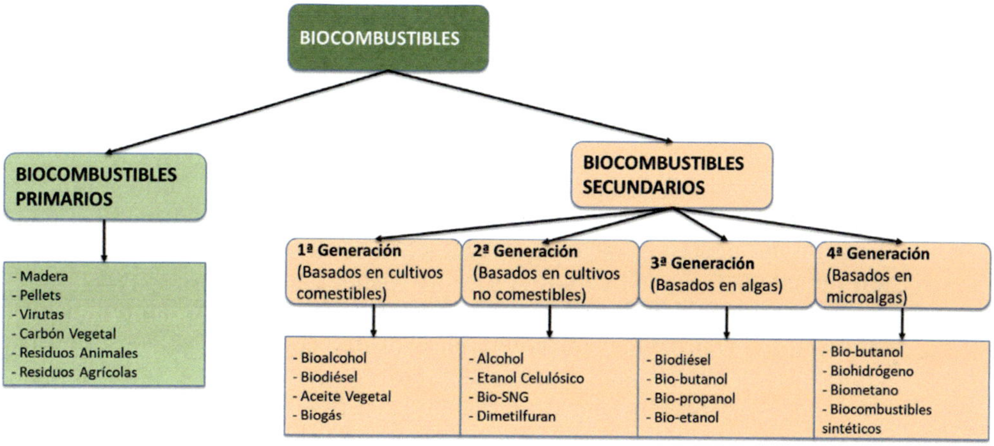

FIGURA 4.2.
Tipos de biocombustibles en función de las materias primas utilizadas para su producción.

obtenido de la hidrólisis de biomasa leñosa, el aceite vegetal hidrogenado y el biogás avanzado, purificado a biometano. Estos combustibles son más sostenibles y reducen emisiones en mayor medida, aunque requieren procesos más complejos y costosos. A pesar de sus ventajas, el desarrollo tecnológico necesario para su producción a gran escala sigue siendo un desafío. La eficiencia en la conversión de residuos en biocombustibles aún debe mejorarse, y se requiere mayor inversión en infraestructura para que sean una alternativa viable y competitiva frente a los combustibles fósiles. Los biocombustibles de *tercera generación* se producen a partir de microalgas y biotecnología avanzada, lo que permite una mayor eficiencia y menor uso de suelo agrícola. Incluyen bioetanol y biodiésel de microalgas, combustibles BtL (Biomasa a líquido) y biohidrógeno. A pesar de sus ventajas, sus costos de producción siguen siendo elevados y requieren mayor desarrollo tecnológico. Las microalgas tienen la capacidad de crecer en ambientes no aptos para la agricultura, utilizando aguas residuales o incluso el CO_2 emitido por industrias. Sin embargo, la extracción y refinamiento de los lípidos y otros compuestos útiles en la producción de biocombustibles aún presentan dificultades técnicas y económicas que limitan su expansión comercial.

Los biocombustibles de *cuarta generación* están enfocados en la captura y reutilización de CO_2, con el objetivo de alcanzar un impacto climático neutro. Se incluyen los e-fuels o electrocombustibles, producidos a partir de CO_2 y energía renovable, y los biocombustibles sintéticos avanzados, generados mediante microorganismos modificados genéticamente. Representan el futuro de la descarbonización del transporte, pero aún enfrentan desafíos tecnológicos y de costos. Estos combustibles pueden integrarse con tecnologías de captura de carbono para convertir las emisiones industriales en nuevas fuentes de energía, cerrando el ciclo del carbono. Sin embargo, su viabilidad económica depende de la reducción en los costos de producción y del desarrollo de infraestructuras adecuadas para su distribución y consumo.

2.1 Biodiésel

La producción de biodiésel en la UE es una pieza clave en su estrategia energética y medioambiental. Este biocombustible, derivado de fuentes renovables, desempeña un papel fundamental en la reducción de emisiones de gases de efecto invernadero y en la disminución de la dependencia de los combustibles fósiles. Su producción ha evolucionado en los últimos años, con un enfoque creciente en la sostenibilidad de las materias primas y la eficiencia de los procesos de conversión.

El biodiésel se elabora principalmente a partir de diversas fuentes de aceites vegetales y grasas recicladas. Entre las principales materias primas se encuentra el aceite de colza, que ha sido tradicionalmente la principal fuente para la producción de biodiésel en Europa debido a su alto rendimiento y disponibilidad local. Otro insumo importante es el aceite de palma, cuyo uso ha sido objeto de controversia por sus impactos ambientales, aunque sigue representando una porción significativa de la materia prima utilizada en algunos países de la UE. En los últimos años, se ha promovido el uso del aceite de cocina usado (UCO), ya que permite reutilizar residuos y reducir la demanda de aceites vírgenes, posicionándose como una alternativa más sostenible. También se emplea el aceite de soja, aunque en menor medida que otras fuentes vegetales. Es importante destacar que una parte considerable de estas materias primas es importada; en 2020, aproximadamente el 73 % del UCO utilizado en la

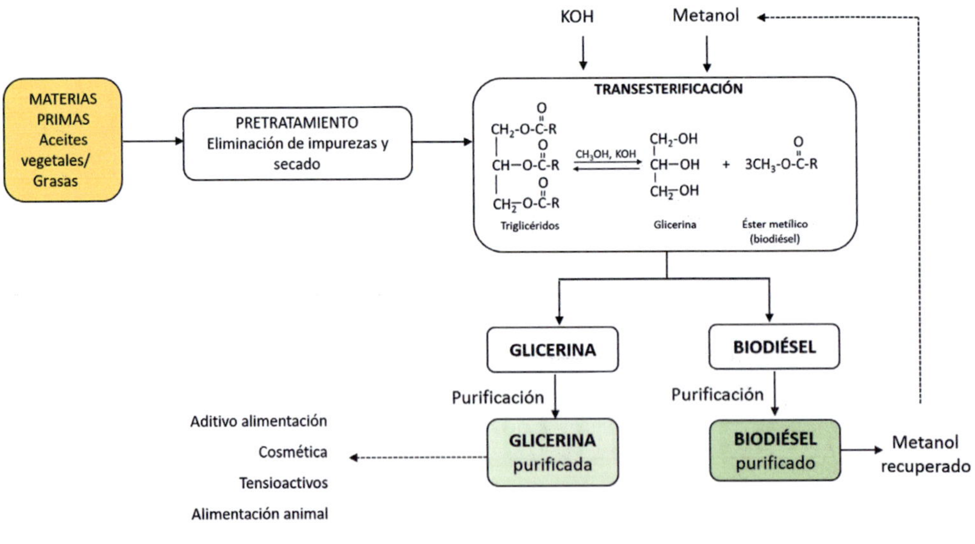

FIGURA 4.3.
Esquema simplificado del proceso de obtención de biodiésel.

producción de biodiésel fue importado, principalmente de países asiáticos como Malasia, China e Indonesia (EBB, 2023).

El método más común para la producción de biodiésel es la transesterificación, un proceso químico en el cual los aceites o grasas reaccionan con un alcohol, generalmente metanol, en presencia de un catalizador. Esta reacción da lugar a la formación de ésteres metílicos de ácidos grasos (biodiésel) y glicerina como subproducto (Figura 4.3). La transesterificación es ampliamente utilizada debido a su eficiencia y simplicidad. No obstante, otras tecnologías emergentes, como la hidrotratación de aceites vegetales, han ganado interés en los últimos años, permitiendo la producción de un diésel renovable de mayor calidad y estabilidad.

La producción de biodiésel en la UE creció de 0,71 millones de toneladas en 2000 a un máximo de 20,18 millones en 2022, con una ligera caída a 19,02 millones en 2023 (Figura 4.4). El crecimiento fue acelerado entre 2005 y 2010, seguido de una estabilización entre 2012 y 2015, y un nuevo aumento sostenido desde 2016. Esta tendencia refleja el impulso de los biocombustibles en Europa, favorecido por políticas ambientales y la transición energética. En 2020, la producción de biodiésel en la UE estuvo liderada por Alemania, que generó aproximadamente 3,6 millones de toneladas, utilizando principalmente colza (51 %) y UCO (31 %) como materias primas. Le siguieron los Países Bajos, con una producción de 2,6 millones de toneladas, basada en aceite de palma (59 %) y colza (17 %), y España, con cerca de 2,4 millones de toneladas, donde el aceite de palma representó el 78 % de la materia prima utilizada. Sin embargo, no todo el

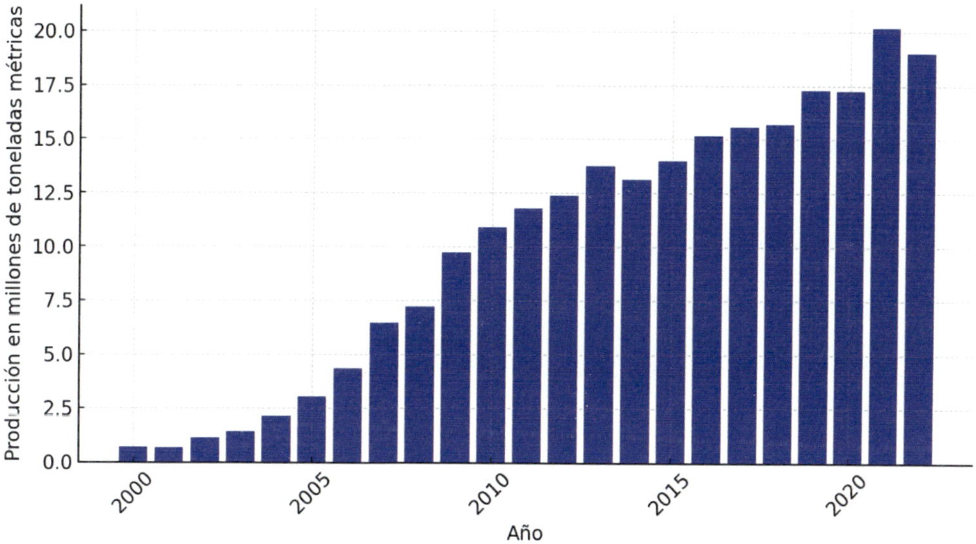

Figura 4.4.
Evolución de la producción de biodiésel en la UE (Statista, 2024a).

biodiésel producido en estos países se consume internamente. Alemania consume aproximadamente el 83 % de su producción nacional, mientras que los Países Bajos y España consumen solo alrededor del 20 % y 39 % respectivamente, exportando el resto a otros países de la UE (EBB, 2023).

El biodiésel representa una parte significativa del mercado de biocarburantes en la UE. Sin embargo, su contribución al consumo total de combustibles sigue siendo limitada en comparación con los combustibles fósiles. La UE ha establecido políticas ambiciosas para aumentar la proporción de energías renovables en el sector del transporte, incluyendo objetivos específicos para la incorporación de biocombustibles. La Directiva de Energías Renovables (RED II) establece que, para 2030, al menos el 14 % de la energía utilizada en el transporte debe provenir de fuentes renovables, con un porcentaje mínimo asignado a biocombustibles avanzados. Estas medidas buscan reducir la dependencia del diésel fósil y promover opciones más sostenibles dentro del mercado energético europeo.

A pesar de estos esfuerzos, el biodiésel enfrenta desafíos significativos. La sostenibilidad de las materias primas sigue siendo un tema de debate, especialmente en lo que respecta al aceite de palma y su impacto en la deforestación y la biodiversidad. Además, la competencia con la producción de alimentos es otro aspecto crítico, ya que el uso de tierras agrícolas para cultivos energéticos puede afectar a la seguridad alimentaria. Estas preocupaciones han llevado a un impulso en la investigación de materias primas alternativas y procesos de producción más eficientes, como el uso de aceites residuales y algas como fuentes potenciales de biodiésel. El desarrollo de nuevas políticas y tecnologías será determinante para el futuro del biodiésel en la transición energética de la UE.

2.2 Bioetanol

La producción de bioetanol en la UE constituye un elemento clave dentro de su estrategia de transición hacia energías renovables y la reducción de emisiones de gases de efecto invernadero. La producción de bioetanol se basa principalmente en cultivos agrícolas ricos en azúcares y almidones. Entre las principales materias primas utilizadas destacan el maíz, que representa aproximadamente el 49 % de las materias primas destinadas a la producción de bioetanol en la UE; el trigo, que constituye alrededor del 21 % de los insumos empleados en el proceso; y la remolacha azucarera, que aporta cerca del 19 % de las fuentes utilizadas para la producción de bioetanol.

La Figura 4.5 muestra el esquema simplificado del proceso de obtención de etanol a partir de maíz por vía seca, uno de los más empleados, que origina también como subproducto el llamado DDGS (Distillers Dried Grains with Solubles), que es un sólido rico en proteínas, fibra y grasas, ampliamente utilizado en la alimentación animal.

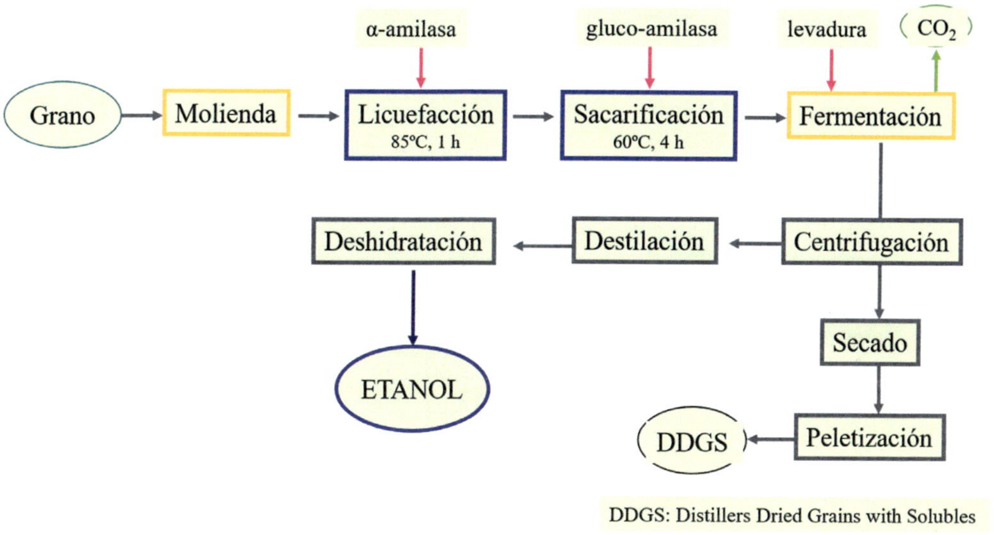

FIGURA 4.5.
Esquema de la producción de etanol a partir de cereales (vía seca).

El uso predominante de cultivos alimentarios en la producción de bioetanol ha generado debates sobre su impacto en la seguridad alimentaria y la sostenibilidad agrícola. Esto ha impulsado iniciativas para el desarrollo de biocombustibles avanzados a partir de residuos y biomasa lignocelulósica.

El proceso de producción de bioetanol en la UE se basa en dos etapas principales. La primera es la hidrólisis y fermentación, en la que los cultivos ricos en almidón o azúcares se someten a una hidrólisis enzimática, donde los carbohidratos complejos se convierten en azúcares fermentables. Posteriormente, estos azúcares se fermentan mediante levaduras para producir etanol. La segunda etapa es la destilación, en la que el etanol resultante se separa y purifica mediante destilación, obteniendo una concentración adecuada para su uso como biocombustible (véase apartado 3.2). Este proceso es ampliamente utilizado debido a su eficiencia y la disponibilidad de las materias primas en la región (Comisión Europea, 2022). De acuerdo con estimaciones de la Organización para la Cooperación y el Desarrollo Económico (OCDE) y la Organización de las Naciones Unidas para la Alimentación y la Agricultura (FAO), la producción de etanol para combustible en la UE, derivado principalmente de trigo, cereales secundarios y remolacha azucarera, se ha estabilizado en torno a 7,3 millones de litros anuales desde 2020. Actualmente, la capacidad instalada de producción de bioetanol en la UE es de aproximadamente 6 millones de toneladas al año, con una proyección de incremento hasta 6,3 millones de toneladas para 2025 (OECD/FAO, 2023). En 2019, Versalis (Eni Group) lideró la producción de bioetanol celulósico en la UE con una capacidad instalada de 8.000 t/año, seguido por Clariant Ltd. Bioethanol con 5.000 t/año. Otras

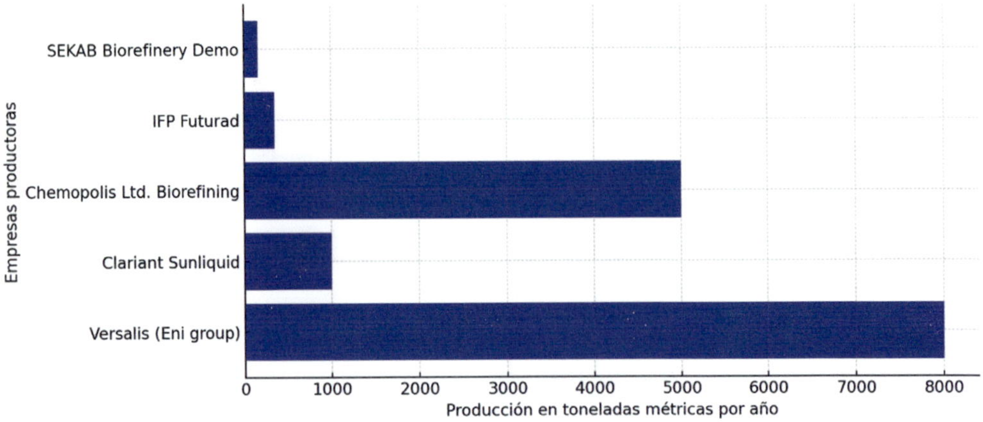

FIGURA 4.6.
Principales empresas productoras de bioetanol en la UE (Statista, 2024b).

empresas con menor capacidad fueron Clariant Sunliquid (1.000 t/año), IFP Futurad (350 t/año) y SEKAB Biorefinery Demo (160 t/año). Estos datos reflejan la concentración de la capacidad de producción en pocas empresas clave dentro del sector (Figura 4.6).

A pesar del crecimiento en la producción de bioetanol, su participación en el consumo total de combustibles en la UE sigue siendo limitada en comparación con los combustibles fósiles. No obstante, se están implementado diversas políticas para fomentar el uso de energías renovables en el sector del transporte, estableciendo objetivos específicos para la incorporación de biocombustibles, como se ha comentado previamente, a través de la Directiva RED II, pero promoviendo una menor dependencia de cultivos alimentarios (Comisión Europea, 2022).
El desarrollo del bioetanol en la UE enfrenta diversos desafíos, entre ellos la sostenibilidad de las materias primas, el impacto ambiental y social del uso de cultivos alimentarios en la producción de biocombustibles, la competencia con la producción de alimentos y el impacto medioambiental. A pesar de sus ventajas en la reducción de emisiones de CO_2, la producción intensiva de bioetanol puede generar efectos negativos en el uso de agua, suelos y biodiversidad.

En respuesta a estos desafíos, la UE ha impulsado el desarrollo de biocombustibles de segunda generación, obtenidos a partir de residuos orgánicos y biomasa lignocelulósica. Además, se han promovido mezclas de bioetanol con gasolina, como E10 (10 % bioetanol - 90 % gasolina) y E85, para facilitar su incorporación progresiva en el mercado de combustibles. En conclusión, el bioetanol juega un papel importante en la estrategia energética de la UE, pero su desarrollo futuro dependerá de la implementación de tecnologías más sostenibles, regulaciones adecuadas y la transición hacia biocombustibles avanzados con menor impacto ambiental.

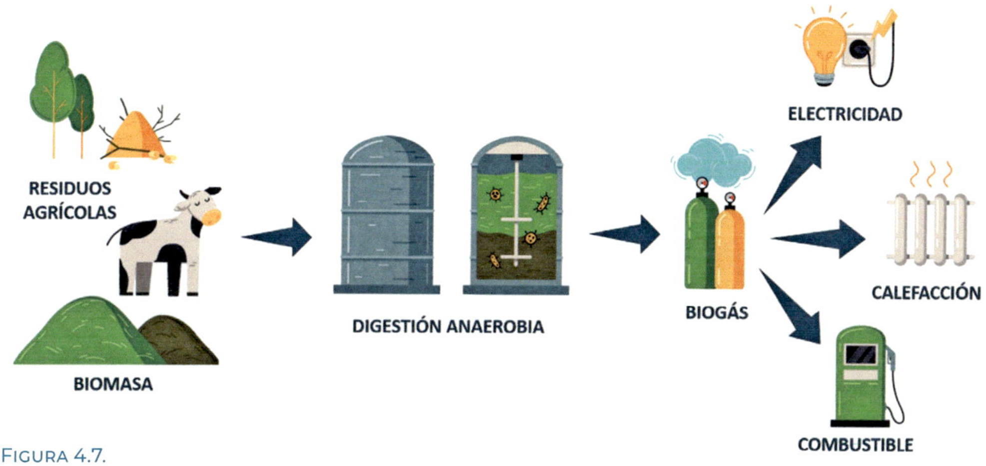

FIGURA 4.7.
Producción de biogás a partir de residuos.

2.2 Biogás

El biogás se obtiene a partir de residuos agroindustriales, estiércol, lodos de depuradora o fracción orgánica de residuos sólidos urbanos. Su producción ocurre en biodigestores, donde los microorganismos descomponen la materia orgánica, liberando biogás, que puede usarse para generar electricidad, calor o ser purificado a biometano para inyección en la red de gas natural (Figura 4.7)

La producción de biogás en la UE es otro componente esencial para la transición energética. A través de su generación, se busca reducir la dependencia de combustibles fósiles, mitigar las emisiones de gases de efecto invernadero y fomentar la gestión sostenible de residuos. El biogás en la UE se genera principalmente a partir de diversas fuentes orgánicas, incluyendo residuos agrícolas como estiércoles, purines y restos de cultivos, así como residuos agroindustriales derivados de la industria alimentaria y de bebidas. Además, la fracción orgánica de los RSU y los lodos de depuradoras procedentes del tratamiento de aguas residuales urbanas constituyen fuentes clave en la producción de biogás. Estas materias primas permiten una gestión sostenible de residuos y la producción de energía renovable, contribuyendo a la circularidad de la economía y a la reducción del impacto ambiental.

El biogás se produce principalmente mediante digestión anaerobia, un proceso biológico en el que microorganismos descomponen la materia orgánica en ausencia de oxígeno. Este proceso genera una mezcla de gases, compuesta principalmente por metano (CH_4) y dióxido de carbono (CO_2) (apartado 3.2). La digestión anaerobia se lleva a cabo en biodigestores, cuya capacidad y diseño varían según la escala de producción y el tipo de materia prima utilizada (EBA, 2021).

La producción de calor a partir del biogás en la UE experimentó un crecimiento sostenido entre 2013 y 2020, impulsado por políticas de apoyo

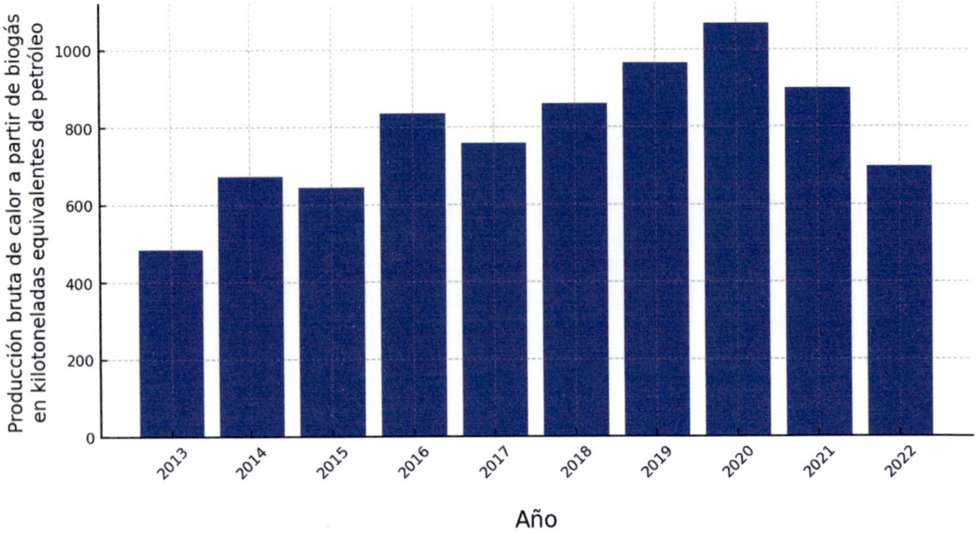

FIGURA 4.8.
Evolución de la producción de biogás en la UE (Statista, 2024c).

como tarifas de alimentación y certificados verdes, así como por una mayor disponibilidad de materia prima proveniente de residuos agrícolas y urbanos (Figura 4.8). Las mejoras tecnológicas en digestores anaerobios y sistemas de cogeneración también favorecieron este incremento. En 2020, se alcanzó un pico de producción, posiblemente debido a la entrada en operación de nuevas infraestructuras, el impulso del biogás en redes de calefacción urbana y el mantenimiento de la demanda industrial de calor durante la pandemia de COVID-19. Sin embargo, a partir de 2021 la producción comenzó a disminuir, posiblemente por un cambio en las políticas energéticas de la UE, que han priorizado otras fuentes renovables como el biometano y el hidrógeno verde. Además, el aumento de costos operativos, la electrificación progresiva de la calefacción con tecnologías como bombas de calor y regulaciones ambientales más estrictas han afectado la rentabilidad del biogás. Finalmente, la crisis energética derivada de la guerra en Ucrania ha llevado a una reestructuración de la estrategia energética europea, redirigiendo esfuerzos hacia soluciones más diversificadas y de rápida implementación.

Aunque la producción de biogás ha crecido en la UE, su contribución al consumo total de energía sigue siendo menor en comparación con los combustibles fósiles. Sin embargo, el biogás ofrece ventajas significativas, como la reducción de emisiones de gases de efecto invernadero, la gestión sostenible de residuos y la diversificación de fuentes energéticas. Además, el biogás puede ser purificado para obtener biometano, el cual puede inyectarse en la red de gas natural o utilizarse como combustible para el transporte, aumentando su relevancia en el *mix* energético europeo (Comisión Europea, 2023). En resumen, la producción de biogás en la UE es una herramienta valiosa para avanzar hacia una economía más sostenible y diversificada, aunque enfrenta desafíos para aumentar su participación en el consumo energético total. Para fortalecer su impacto, es fundamental el desarrollo de políticas de incentivo, la mejora en infraestructura de producción y distribución, así como la integración del biometano en los mercados energéticos europeos.

3. BIOMATERIALES Y BIOPOLÍMEROS

Los polímeros de origen biológico se clasifican en tres grupos según su método de obtención (Figura 4.9). Los primeros son los sintetizados a partir de monómeros bioderivados, como los poliésteres (PLA y otros), obtenidos químicamente a partir de biomasa. Luego, están los extraídos directamente de la biomasa, que incluyen proteínas vegetales (soja, calabaza, gluten de trigo y zeína) y proteínas animales (caseína, colágeno y gelatina), así como polisacáridos como almidón, celulosa, gomas, alginatos, pectinas y quitina/quitosano. También se consideran en esta categoría los lípidos, como cera de abejas y cera de carnauba. El tercer grupo corresponde a los polímeros producidos por microorganismos, que incluyen PHA, la celulosa bacteriana y los polisacáridos microbianos como xantano y pullulano, entre otros.

Las biorrefinerías representan un modelo sostenible de producción basado en el aprovechamiento integral de la biomasa para la obtención de biopolímeros y biomateriales. De entre los biopolímeros previamente mencionados, en este campo destacan PHA, PLA, la nanocelulosa y los bioplásticos derivados de algas. Otros biomateriales incluyen

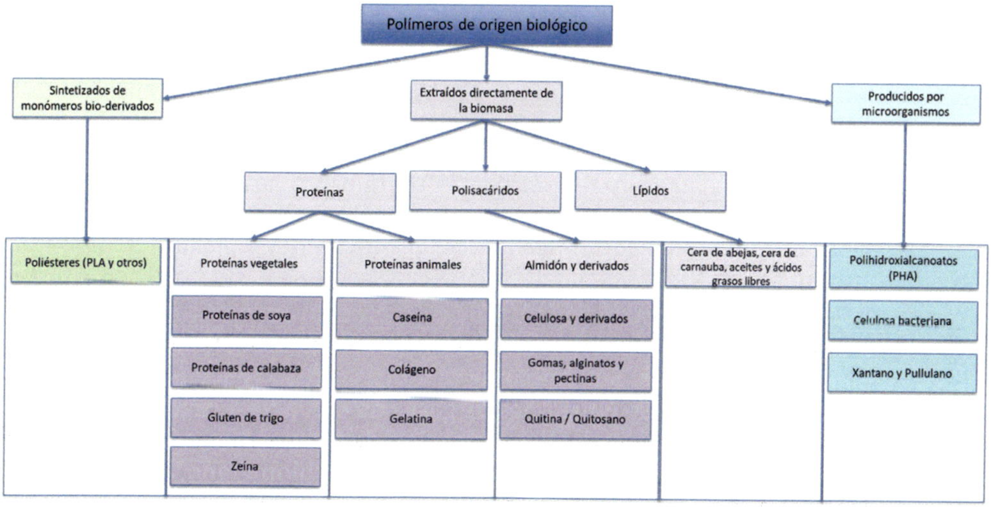

FIGURA 4.9.
Clasificación de biopolímeros basada en la materia prima.

lignina modificada, quitosano y biocomposites derivados de residuos agroindustriales (Abdullah *et al.,* 2024; De Mello *et al.,* 2024).

Las materias primas utilizadas en las biorrefinerías pueden provenir de diversas fuentes. Los residuos lignocelulósicos, como la paja de trigo y el bagazo de caña, son comúnmente empleados para la producción de nanocelulosa y biocompuestos. Los cultivos oleaginosos, como la jatrofa y el ricino, permiten obtener aceites para biopolímeros y lubricantes. Asimismo, las microalgas han surgido como una alternativa eficiente para la obtención de bioplásticos y biosorbentes, gracias a su alto contenido de polisacáridos y lípidos. Otras fuentes incluyen residuos pesqueros, que proporcionan colágeno y quitosano, y residuos cítricos, utilizados en la producción de celulosa bacteriana y polifenoles (Karanicola *et al.,* 2025; Umesh *et al.,* 2025).

El proceso de producción de biomateriales en biorrefinerías involucra diversas tecnologías, dependiendo de la materia prima y del producto final. La hidrólisis y fermentación son utilizadas para transformar los azúcares de la biomasa en biopolímeros como el PHA y el PLA. La pirólisis y la gasificación permiten la conversión termoquímica de residuos en bioaceites y bioplásticos. El pretratamiento es fundamental en la obtención de nanocelulosa. En el caso de las biorrefinerías de algas, tras la extracción de lípidos se pueden obtener biosorbentes y biomateriales adicionales. La integración de nanotecnología y biotecnología está optimizando estos procesos, reduciendo costos y aumentando la eficiencia (De Mello *et al.,* 2024).

El mercado de los biopolímeros está en crecimiento debido a la demanda de alternativas sostenibles en diversas industrias. Actualmente, los polihidroxialcanoatos (PHA) tienen un precio aproximadamente promedio de entre 1,3 y 4,5 €/kg, mientras que el PLA se comercializa entre 1,8 y 2,8 €/kg. La celulosa tiene un rango de precios más amplio, de ~1,5 a 30 €/kg, dependiendo de su grado de refinamiento, tamaño de partícula y la cantidad demandada. Los bioplásticos derivados de algas, aunque aún en desarrollo, oscilan entre 3 y 5 €/kg. En general, estos precios pueden variar dependiendo de la logística, cantidad comprada y la biomasa utilizada, p. ej., el precio de la hidroxipropilmetilcelulosa de alta viscosidad puede rondar 2 €/kg, la celulosa microcristalina 2,4-3,1 €/kg, mientras que la solución acuosa de nanocelulosa derivaba del alga *Gelidium amansii* para cosméticos puede alcanzar precios de 1.337 €/l. Se estima que el mercado de biorrefinerías alcanzará 1,1 billones de dólares en 2027, con un crecimiento anual del 9,8 % (Abdullah *et al.,* 2024; De Mello *et al.,* 2024; Olsson *et al.,* 2013).

La relevancia de los biomateriales y biopolímeros en el mercado es cada vez mayor, impulsada por regulaciones ambientales y la creciente conciencia sobre la necesidad de materiales biodegradables. En la industria del embalaje, estos materiales están reemplazando a los plásticos convencionales en la fabricación de envases compostables. En el sector médico, el quitosano y la nanocelulosa se utilizan para desarrollar materiales biocompatibles para suturas e implantes. La industria automotriz y de la construcción está integrando lignina y nanocelulosa en compuestos ligeros y resistentes. Además, la producción de bioplásticos a partir de algas y residuos urbanos está ganando terreno en el ámbito de la sostenibilidad urbana (Orejuela-Escobar *et al.,* 2021).

Las biorrefinerías desempeñan un papel clave en la transición hacia una economía más sostenible, ofreciendo biomateriales y biopolímeros como alternativas viables a los materiales convencionales. Aunque existen desafíos como los costos de producción y la escalabilidad industrial, la inversión en investigación y desarrollo, junto con la implementación de políticas de apoyo, está favoreciendo su adopción en el mercado global. La combinación de innovaciones tecnológicas y estrategias de valorización de residuos permitirá que estos productos continúen su expansión y contribuyan a la reducción del impacto ambiental.

4. QUÍMICOS VERDES Y ESPECICALIDADES QUÍMICAS

Las biorrefinerías han evolucionado más allá de la producción de biocombustibles y biopolímeros, incorporando la obtención de químicos verdes y especialidades químicas con aplicaciones en diversas industrias. Estos compuestos representan una alternativa sostenible a los productos derivados del petróleo y abarcan desde solventes y ácidos orgánicos hasta polímeros especializados y surfactantes. Su producción a partir de biomasa permite reducir la huella de carbono y la dependencia de recursos fósiles, alineándose con estrategias de economía circular y desarrollo sostenible (Moncada *et al.,* 2016).

Entre los químicos verdes y especialidades químicas que pueden obtenerse en biorrefinerías, destacan el ácido succínico, el ácido levulínico, el furfural y sus derivados, el glicerol y los biotensioactivos (Figura 4.10). El ácido succínico es un precursor clave en la fabricación de polímeros, fármacos y aditivos alimentarios, producido por fermentación de azúcares provenientes de biomasa. Por su parte, el ácido levulínico ha sido clasificado como un bloque de construcción esencial en la industria química, con aplicaciones en plásticos biodegradables, disolventes y aditivos para combustibles. El furfural, extraído de residuos lignocelulósicos, se utiliza en la fabricación de resinas, solventes y fármacos. El glicerol, subproducto de la producción de biodiésel, tiene aplicaciones en cosméticos, lubricantes y en la síntesis de propilenglicol y polioles. Finalmente, los biotensioactivos emergen como una alternativa ecológica a los tensioactivos sintéticos, utilizados en detergentes y productos de limpieza (Fernando *et al.,* 2006).

Las biorrefinerías emplean diversas fuentes de biomasa como materia prima para la producción de químicos verdes. Entre ellas, los residuos agrícolas y forestales, como la paja de trigo, el bagazo de caña y las astillas de madera, son fuentes ricas en celulosa y hemicelulosa. Asimismo, los

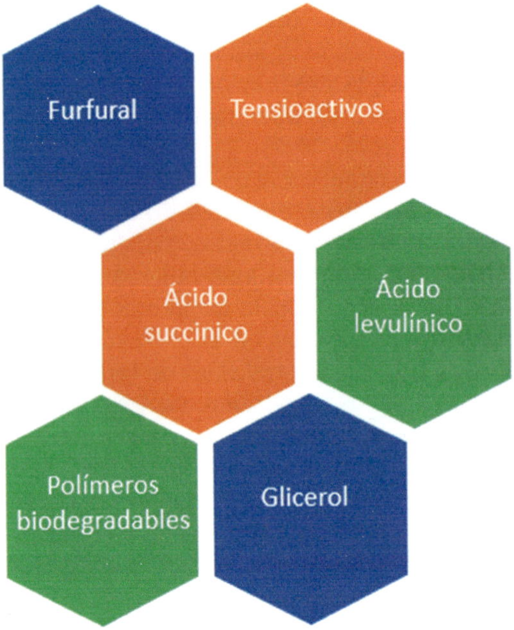

FIGURA 4.10.
Principales productos químicos verdes y especialidades químicas derivadas de biorrefinerías.

azúcares y almidones provenientes de cultivos como el maíz y la remolacha son fundamentales en la fermentación de bioplataformas químicas como el ácido succínico. También se utilizan aceites vegetales y residuos de biodiésel como fuente de glicerol, así como microalgas y residuos marinos para la obtención de bioaceites y polímeros biodegradables (Tsarpali *et al.*, 2021).

Los procesos de producción de químicos verdes en biorrefinerías varían según la materia prima y el producto final. La fermentación microbiana es un proceso clave para la conversión de azúcares en ácidos orgánicos como el succínico y el levulínico. La pirólisis y la gasificación permiten la conversión termoquímica de biomasa lignocelulósica en furfural y otros compuestos de alto valor. El pretratamiento, hidrólisis y fermentación son métodos empleados para obtener celulosa y hemicelulosa y su conversión a compuestos químicos. Además, la conversión catalítica es utilizada en la transformación de compuestos biobasados en polímeros, lubricantes y solventes verdes.

El mercado de químicos verdes está en crecimiento debido a la demanda de alternativas sostenibles en la industria química y de materiales. Se estima que el ácido succínico tiene, aproximadamente, un precio de entre 2 y 3 €/kg, con una producción global superior a 70.000 toneladas anuales. El ácido levulínico oscila entre 4 y 6 €/kg y se espera que su mercado crezca un 10 % anual. La producción mundial de furfural supera las 500.000 toneladas anuales, con un precio promedio de 1,5 a 3 €/kg. El glicerol, dependiendo de su grado de refinamiento y pureza, tiene un precio de entre 0,5 y 1,5 €/kg (Fernando *et al.*, 2006).

Los químicos verdes producidos en biorrefinerías están ganando relevancia en distintos sectores industriales. En la industria de polímeros y plásticos, el ácido levulínico y el succínico se utilizan en la producción de plásticos biodegradables y biopolímeros. En el sector farmacéutico y cosmético, el glicerol y sus derivados son empleados en la formulación de productos farmacéuticos y cosméticos naturales. En la química industrial y la agricultura, el furfural y los biotensioactivos se usan en la fabricación de resinas, adhesivos y productos agroquímicos sostenibles. Además, en el ámbito de combustibles y lubricantes, el ácido levulínico se investiga como un potencial aditivo para mejorar la eficiencia y sostenibilidad de biocombustibles (Moncada *et al.,* 2016).

Los químicos verdes y especialidades químicas obtenidos en biorrefinerías están y pueden desempeñar un papel clave en la transición hacia una industria química más sostenible. A medida que las tecnologías avanzan y los costos de producción disminuyen, estos productos se están posicionando como alternativas viables a los derivados del petróleo. Con una demanda en aumento, incentivos regulatorios y mejoras en los procesos de producción, el mercado de químicos verdes continuará expandiéndose, promoviendo un modelo de producción más ecológico y eficiente.

5. APLICACIONES Y MERCADOS EMERGENTES

Las biorrefinerías han evolucionado más allá de la producción de biocombustibles, biopolímeros y químicos verdes, expandiendo su alcance hacia sectores emergentes que aprovechan la biomasa de manera innovadora y eficiente. Estos nuevos mercados incluyen aplicaciones en la industria farmacéutica, cosmética, textil, agroalimentaria y en la fabricación de materiales avanzados (Figura 4.11). Gracias a los avances tecnológicos y al enfoque en la economía circular, las biorrefinerías están desarrollando productos de alto valor añadido con un impacto positivo en la sostenibilidad y la reducción de emisiones de carbono (Moncada *et al.,* 2016).

FIGURA 4.11.
Principales campos de aplicación de nuevos productos derivados de biorrefinerías.

Uno de los sectores más prometedores es el farmacéutico y cosmético, donde se están utilizando extractos de biomasa vegetal y microalgas para la producción de compuestos bioactivos, antioxidantes, pigmentos y emulsionantes naturales. A partir de residuos lignocelulósicos, se pueden obtener polifenoles con propiedades antioxidantes, los cuales se emplean en la formulación de medicamentos y productos para el cuidado de la piel. Asimismo, los biotensioactivos derivados de aceites vegetales están reemplazando a los tensioactivos sintéticos en cosméticos y productos de higiene personal, reduciendo la toxicidad y mejorando la biodegradabilidad.

En la industria textil, las biorrefinerías han permitido el desarrollo de fibras biodegradables y tintes naturales como alternativas a los materiales sintéticos. A partir de celulosa y hemicelulosa extraídas de residuos agrícolas, se están fabricando tejidos sostenibles como el *lyocell* y el *modal*, que presentan menor impacto ambiental en comparación con el algodón convencional. También se están desarrollando tintes naturales a partir de extractos vegetales y residuos agroindustriales, minimizando el uso de productos químicos sintéticos altamente contaminantes (Moncada *et al.*, 2016).

El sector agroalimentario se ha beneficiado significativamente del avance de las biorrefinerías con la producción de biofertilizantes, bioestimulantes y envases biodegradables. Los biofertilizantes y bioestimulantes derivados de residuos orgánicos y lignina han demostrado mejorar la productividad de los cultivos sin necesidad de fertilizantes químicos sintéticos, contribuyendo a una agricultura más sostenible. Además, los bioplásticos derivados de PLA y PHA están siendo utilizados en la fabricación de envases compostables para la industria alimentaria, reduciendo la contaminación por plásticos de un solo uso (Moncada *et al.*, 2016).

Otro mercado emergente es el de los materiales avanzados, donde se están desarrollando nanocelulosa, lignina modificada y compuestos derivados de biomasa para aplicaciones en adhesivos, recubrimientos y composites de alto rendimiento. La nanocelulosa es utilizada en la fabricación de películas ultradelgadas para empaques inteligentes y en la producción de dispositivos electrónicos flexibles. Por su parte, la lignina modificada se está empleando como base para adhesivos sostenibles y en la producción de resinas epoxi biobasadas para la industria automotriz y aeroespacial.

Finalmente, el sector energético sigue innovando con derivados de biorrefinerías más allá de los biocombustibles tradicionales. El hidrógeno verde producido a partir de biomasa está emergiendo como una alternativa viable para el almacenamiento de energía y la movilidad sostenible. También se están desarrollando aceites esenciales y terpenos extraídos de residuos forestales para ser utilizados como biocombustibles avanzados y solventes ecológicos en la industria química. Además, la producción de biocarbón a partir de residuos lignocelulósicos está ganando relevancia como un medio para mejorar la fertilidad del suelo y capturar carbono, reduciendo la huella de carbono en el sector agrícola.

CONCLUSIONES

1. Las biorrefinerías permiten obtener múltiples productos (energía, materiales, químicos) a partir de una misma fuente de biomasa, maximizando su aprovechamiento y rentabilidad.
2. Contribuyen a reducir emisiones de CO_2, gestionar residuos y promover materiales biodegradables, alineándose con los objetivos de economía circular.
3. Aunque los biocombustibles avanzados y biomateriales son prometedores, requieren mayor inversión en I+D para mejorar eficiencia y reducir costos.
4. El marco normativo de la UE (RED II, Estrategia de Bioeconomía) es fundamental para impulsar el sector, pero debe equilibrar sostenibilidad con viabilidad económica.
5. Sectores como farmacia, textiles y agricultura están adoptando bioproductos, abriendo nuevas oportunidades para la bioeconomía.
6. La integración de tecnologías innovadoras (microalgas, captura de CO_2) posiciona a las biorrefinerías como pilares de la descarbonización y la independencia energética.

BIBLIOGRAFÍA

Abdullah, M. A., Nazir, M. S., Hussein, H. A., Shah, S. M. U., Azra, N., Iftikhar, R., Iqbal, M. S., Qamar, Z., Ahmad, Z., Afzaal, M., Om, A. D., Shaharah, M. I., Rak, A. E. y Hung, Y. T. (2024): "New perspectives on biomass conversion and circular economy based on Integrated Algal-Oil Palm Biorefinery framework for sustainable energy and bioproducts co-generation". *Industrial Crops and Products*, 213, 118452.

De Mello, A. F. M., Vandenberghe, L. P. S., Machado, C. M. B., Brehmer, M. S., Oliveira, P. Z., Binod, P., Sindhu, R. y Soccol, C. R. (2024): "Polyhydroxyalkanoates production in biorefineries: A review on current status, challenges and opportunities". *Bioresource Technology*, 393, 130078.

Demirbas, A. (2009): "Biorefineries: Current activities and future developments". *Energy Conversion and Management*, 50, 2782–2801.

EBA. European Biogas Association (2021): "EBA Statistical Report 2021". https://www.europeanbiogas.eu/wp-content/uploads/2021/11/EBA-STATISTICAL-REPORT-2021-SHORT-VERSION.pdf

EBB. European Biodiesel Board (2023): "EBB Statistical Report 2023". https://ebb-eu.org/wp-content/uploads/2024/03/EBB_Statistical_Report2023-Final.pdf

Comisión Europea (2022): "Towards a Strong and Sustainable EU Algae Sector". https://oceans-and-fisheries.ec.europa.eu/publications/communication-commission-towards-strong-and-sustainable-eu-algae-sector_en

Comisión Europea (2023): "Renewable energy statistics (eurostat)". https://ec.europa.eu/eurostat/statistics-explained/index.php?title=Renewable_energy_statistics

Demirbas, M. F. (2009): "Biorefineries for biofuel upgrading: A critical review". *Applied Energy*, 86, S151–S161.

Fernando, S., Adhikari, S., Chandrapal, C. y Murali, N. (2006): "Biorefineries: Current Status, Challenges, and Future Direction". *Energy and Fuels*, 20, 1727–1737.

Kamm, B. y Kamm, M. (2004): "Principles of biorefineries". *Applied Microbiology and Biotechnology*, 64, 137–145.

Karanicola, P., Patsalou, M., Christou, P., Panagiotou, G., Constantinides, G. y Koutinas, M. (2025): "Advanced manufacture of polyphenols, essential oils and bacterial cellulose in a novel citrus processing wastewater biorefinery". *Journal of Environmental Management*, 374, 124106.

Moncada B., J., Aristizábal M., V. y Cardona A., C. A. (2016): "Design strategies for sustainable biorefineries". *Biochemical Engineering Journal*, 116, 122–134.

OECD/FAO. Organización para la Cooperación y Desarrollo Económico/Organización de las Naciones Unidas para la Agricultura y la Alimentación (2023): "OCDE-FAO Agricultural Outlook 2023-2032". https://www.oecd.org/en/publications/oecd-fao-agricultural-outlook-2023-2032_08801ab7-en.html

Olsson, L. y Saddler, J. (2013): "Biorefineries, using lignocellulosic feedstocks, will have a key role in the future bioeconomy". *Biofuels, Bioproducts and Biorefining,* 7, 475–477.

Orejuela-Escobar, L., Gualle, A., Ochoa-Herrera, V. y Philippidis, G. P. (2021): "Prospects of microalgae for biomaterial production and environmental applications at biorefineries". *Sustainability,* 13, 3063.

Parlamento y Consejo de la Unión Europea (2009): "Directiva 2009/28/CE del Parlamento Europeo y del Consejo, de 23 de abril de 2009, relativa al fomento del uso de energía procedente de fuentes renovables y por la que se modifican y se derogan las Directivas 2001/77/CE y 2003/30/CE". https://www.boe.es/buscar/doc.php?id=DOUE-L-2009-81013

Statista (2024a): "Production of biodiesel in the European Union from 2000 to 2023". *Chemical and Resources.* https://www.statista.com/statistics/1485234/eu-biodiesel-production/

Statista (2024b): "Gross heat production from biogas in the European Union (EU) from 2013 to 2022". *Energy and Environment.* https://www.statista.com/statistics/743442/biogas-gross-heat-production-in-the-eu/

Statista (2024c): "Installed capacity of leading bioethanol producers in the European Union (EU-28) 2019". *Chemical and Resources.* https://www.statista.com/statistics/983256/bioethanol-producer-production-capacity/

Tsarpali, M., Arora, N., Kuhn, J. N. y Philippidis, G. P. (2021): "Lipid-extracted algae as a source of biomaterials for algae biorefineries". *Algal Research,* 57, 102354.

Umesh, M., Kumar, V., Priyanka, K., Kathirvel, P., Suresh, S. y Santhosh, A. S. (2025): "Fish waste valorisation through production of biodiesel and biopolymers for sustainable development: A mini review". *Bioresource Technology Reports,* 29, 102045.

RESUMEN

El capítulo 5 analiza el papel de las biorrefinerías en la sostenibilidad y la economía circular, contrastándolas con las refinerías tradicionales basadas en recursos fósiles. Destaca su potencial para utilizar materias primas renovables, reducir emisiones de CO_2 mediante biocombustibles neutros en carbono, y minimizar la contaminación mediante bioprocesos y bioproductos biodegradables. Sin embargo, subraya que estos beneficios deben cuantificarse rigurosamente, evitando asumir automáticamente su sostenibilidad. El capítulo explora el uso de biomasa residual para cerrar el ciclo del carbono y aborda dilemas como la competencia entre producción de bioproductos y biocombustibles. Además, introduce el Análisis de Ciclo de Vida (ACV) como herramienta clave para evaluar impactos ambientales, sociales y económicos, destacando su utilidad para identificar puntos críticos y optimizar proceso.

05 SOSTENIBILIDAD Y ECONOMÍA CIRCULAR EN BIORREFINERÍAS

Bernabé Alonso Fariñas[1]
Ángel Galán Martín[2]

1. CONTRIBUCIÓN DE LAS BIORREFINERÍAS A LA SOSTENIBILIDAD Y LA ECONOMÍA CIRCULAR

En el primer capítulo, se analizó el término biorrefinería a partir de sus componentes, "bio" y "refinería". Este último, "refinería", nos trae a la mente uno de los paradigmas industriales que solemos asociar a todo lo contrario a lo que entendemos por sostenibilidad debido principalmente a:

1. el empleo de procesos contaminantes, generando emisiones y vertidos que afectan en mayor o menor medida a las poblaciones cercanas y la biodiversidad y
2. a la producción de combustibles fósiles, cuyo uso es la causa mayoritaria de emisión de gases de efecto invernadero, asociada al cambio climático.

1. Universidad de Sevilla.
2. Universidad de Jaén.

Además, tienen como materia prima el crudo, un recurso fósil limitado y con reservas concentradas en un número limitado de países, afectando la geopolítica global y limitando la independencia de acción de los países cuyas economías están supeditadas al suministro de dicho recurso. En cualquier caso, asumimos tanto los impactos ambientales negativos y riesgos económicos a cambio de obtener los beneficios que dicha actividad proporciona a la sociedad: mantener unos ciertos hábitos de vida, poder cubrir una serie de necesidades consideradas básicas o de cohesión social y económica de los territorios, por ejemplo.

Por el contrario, el término "bio" sugiere tranquilidad ante algo que es seguro, tanto para las personas como para el medio ambiente. Todo ello como consecuencia de su origen "natural", procedente de la naturaleza. Una biorefinería, por tanto, nos permitiría obtener todos los beneficios de una refinería "clásica" sin los aspectos negativos asociados. Aunque no es oro todo lo que reluce y estas mejoras se quedan únicamente en potenciales ventajas que deben ser cuantificadas y demostradas de manera rigurosa, como se mostrará en el punto 2 del presente capítulo relativo a la medida de la sostenibilidad. Ya ha ocurrido con anterioridad, como en el caso de ciertos productos alimentarios, que el uso del término "bio" debió ser regulado para evitar una falsa atribución de propiedades nutricionales superiores, o mayor seguridad alimentaria desde el punto de vista de la salud, inexistentes; o, como mínimo, no demostradas. La demostración cuantitativa de las ventajas asociadas a cada solución técnica propuesta desde el campo de las biorrefinerías es clave para asegurar una contribución real a la transición de la industria existente hacia un modelo más sostenible.

En presente apartado pretende describir, de una manera cualitativa, las principales contribuciones de una biorrefinería a la sostenibilidad, confrontándolas al modelo actual basado en el uso de recursos fósiles. Más concretamente: el empleo de recursos renovables, permitiendo la consolidación de economía descentralizadas; la mitigación del cambio climático mediante la producción de combustibles neutros en carbono; la prevención y control de la contaminación, mediante el uso de biosoluciones, bioprocesos y bioproductos, más limpios. Finalmente, se incluye un punto dedicado a la contribución a la economía circular del uso de biomasa procedente de fuentes secundarias.

1.1 Empleo de recursos renovables – Refuerzo de bioeconomías descentralizadas

Si buscamos el término "sostenible" en el Diccionario de la Real Academia Española (RAE), encontramos como segunda acepción lo siguiente: "Especialmente en ecología y economía, que se puede mantener durante largo tiempo sin agotar los recursos o causar grave daño al medio ambiente". Atendiendo a la primera parte de la definición del término dada por la RAE, podemos ver que cualquier sistema basado en recursos fósiles, y que, por tanto, pueden agotarse por ser su disponibilidad limitada, no podría clasificarse como sostenible. Sin embargo, dada la naturaleza biogénica de la biomasa, la fuente de recursos a emplear por una refinería podría considerarse, *a priori*, como inagotable, siendo esta solución potencialmente sostenible.

Esta cualidad de las biorrefinerías permite dirigir el modelo técnico-económico hacia lo que se ha venido en llamar *bioeconomía descentralizada*, un sistema orientado a la resiliencia y que permitiría que las economías de las regiones se vean menos afectadas por fluctuaciones en el mercado derivadas de cambios en el contexto político-económico global. De este modo, se pretende eliminar la dependencia de los recursos fósiles, acumulados en un pequeño número de países. Por ejemplo, según los datos publicados por la Organización de Países Exportadores de Petróleo (OPEP) en su informe anual de 2024, aproximadamente el 80 % de las reservas probadas de petróleo crudo se encuentran en los países miembros de esta organización y, dentro de este porcentaje, casi el 75 %, es decir, un 60 % de las reservas probadas globales, se concentra en solo cuatro países: Venezuela, Arabia Saudí, Irán e Irak. En cualquier caso, a la hora de evaluar el potencial de los recursos biogénicos de una región, como la biomasa, disponibles para su uso como materia prima o fuente primaria de energía, resulta de utilidad el empleo de los siguientes conceptos (Figura 5.1): *potencial de biomasa teórico*, que se corresponde con toda la biomasa que podría generar un territorio; *potencial técnico de biomasa*, que sería la fracción del potencial teórico que está realmente disponible atendiendo a restricciones técnicas como la accesibilidad; y *potencial sostenible de biomasa*, que se corresponde con la fracción del potencia técnico de biomasa que puede ser explotado atendiendo a criterios de sostenibilidad económica, ambiental o social.

Sin embargo, este modelo basado en la bioeconomía no está exento de riesgos, pues existen efectos adversos como las catástrofes naturales, tales como inundaciones o incendios, o el calentamiento global que deben ser tenidos en cuenta. En este sentido, las medidas de adaptación al cambio

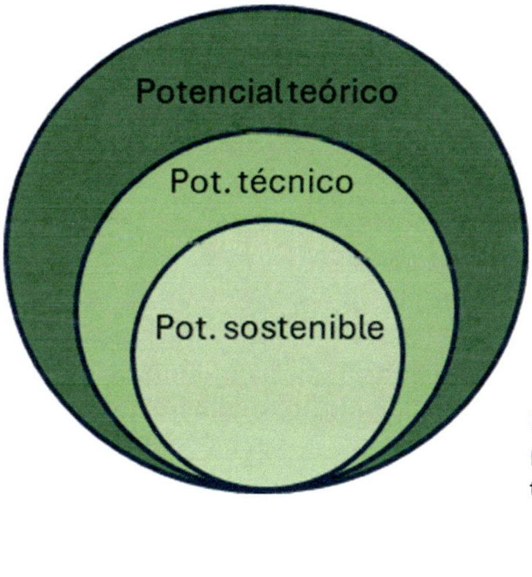

FIGURA 5.1.
Potencial de biomasa disponible: teórico, técnico y sostenible.

climático se tornan de vital importancia para la estabilidad de un sistema económico construido en torno a soluciones de tipo biorrefinería.

La disponibilidad de diferentes tipos de biomasa, debido a diferencias en el clima, tipo de suelo, etc. de cada región, requiere de soluciones tecnológicas adaptadas a los recursos disponibles, basadas en conceptos y diseños suficientemente flexibles que permitan optimizar los procesos en función de la materia prima recibida. La biomasa disponible está condicionada no solo en términos geográficos, sino en términos estacionales, es decir, según la estación o período del año en el que se genera una biomasa u otra. Esta característica de los recursos renovables, su variabilidad en términos de disponibilidad, fuera del control de la acción humana, podría ser considerada una desventaja para las biorrefinerías, incrementando su complejidad y disminuyendo su competitividad, dada la dificultad de encontrar una "solución para todo". Sin embargo, esta necesidad de flexibilidad en el diseño y la operación es necesaria también para la opción basada en los recursos fósiles, que por cuestiones de mercado o geopolíticas se ven obligadas a modificar el origen de las materias primas y, con ello, sus características físico-químicas.

El segundo punto de la definición dado por la RAE, y que concierne a los impactos sobre el medio ambiente, será el objeto de los siguientes puntos del presente apartado.

1.2 Mitigación del cambio climático - Biocombustibles bajos en carbono

Aunque no sea el único producto de las refinerías, hablar de ellas es hablar de combustibles fósiles, y hablar de combustibles fósiles es hablar de emisiones de gases de efecto invernadero y cambio climático. Según las Naciones Unidas, el 75 % de las emisiones de gases de efecto invernadero tiene su origen en el uso de combustibles fósiles (carbón, gas natural y derivados del petróleo). Para alcanzar los objetivos de mitigación de cambio climático acordados en París en 2015, entre ellos "reducir sustancialmente las emisiones de gases de efecto invernadero para limitar el aumento de la temperatura global en este siglo a 2° C", desde las propias Naciones Unidas se plantea la sustitución de los combustibles fósiles por otros que resulten en menores emisiones de CO_2 como una de las medidas a llevar a cabo. Y entre estos combustibles alterativos de bajas emisiones de CO_2 se encuentran los biocombustibles.

¿Qué hace de los biocombustibles una alternativa de bajo contenido en carbono, cuando su base es también dicho elemento? La Figura 5.2 muestra la diferencia en el origen del CO_2 liberado durante la combustión cuando se trata de un combustible fósil y cuando se trata de otro alternativo de origen biogénico. Si consideramos el Potencial de Calentamiento Global (PCG) de una actividad humana como el incremento de gases efecto invernadero en la atmósfera debido a dicha actividad, en la parte superior de la Figura 5.2 podemos ver cómo, debido a la combustión del combustible fósil, se

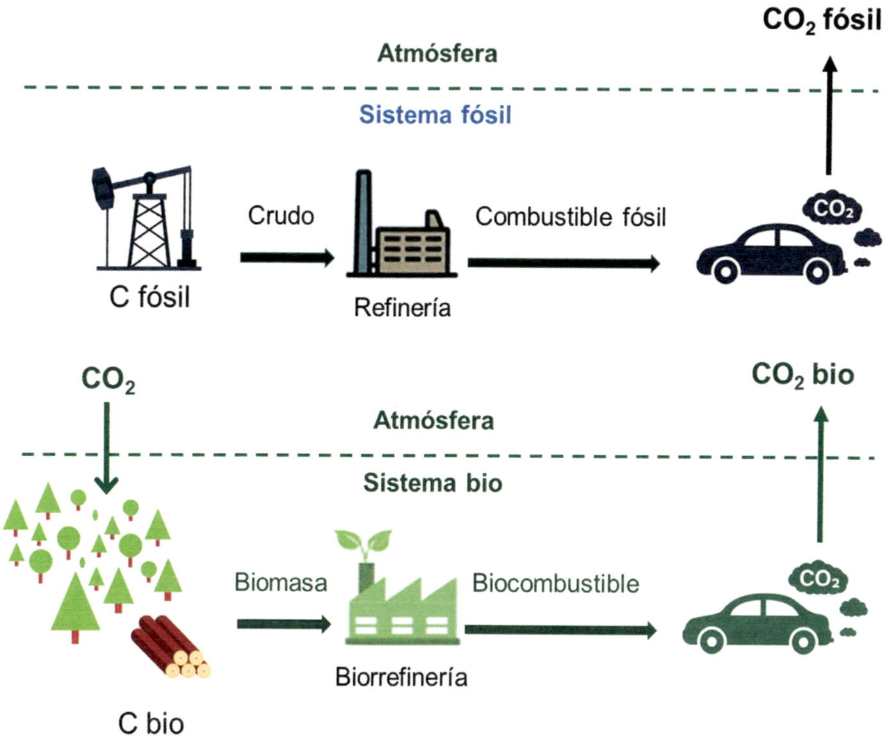

FIGURA 5.2.
Neutralidad del carbono biogénico en la combustión.

incrementa dicha cantidad. El carbono fósil (C fósil) estaba en el subsuelo contenido en el crudo, pasando al combustible fósil tras la transformación del crudo en la refinería. Tras la combustión se libera CO_2 que vendrá a incrementar el contenido de gases de efecto invernadero en la atmósfera. Sin embargo, en el caso del biocombustible (Figura 5.2, parte inferior), el CO_2 liberado a la atmósfera en la combustión del combustible es igual al carbono que se tomó de ella por las plantas y que fue fijado como carbono biogénico (C bio). Si bien esta aproximación es válida para las emisiones derivadas de la combustión del C biogénico, que pueden considerarse neutras, no podemos considerar neutro en carbono al biocombustible, pues se producirán emisiones de gases de efecto invernadero asociadas a las etapas de la generación y adquisición de la biomasa, y en la propia biorrefinería. En el apartado 5.2. se profundizará sobre este punto.

1.3 Prevención y control de la contaminación – Biosoluciones más limpias

Las posibles contribuciones de las biorrefinerías a la prevención y control de la contaminación pueden agruparse en dos tipos: (1) asociadas a los propios procesos de la biorrefinería y (2) asociadas a las sustancias producidas. El primero de los casos está asociado a la capacidad de las biorrefinerías para incorporar bioprocesos, conceptualmente más sencillos y, *a priori*, con un menor impacto ambiental. El segundo está asociado a la capacidad de producir sustancias biodegradables con baja toxicidad y persistencia en el medio ambiente. A continuación, se presentan algunos ejemplos para ambos casos, destacando dichas propiedades.

1 Análisis e interpretación de datos

El empleo de una materia prima de origen biogénico permite el uso de bioprocesos, como la fermentación o la digestión anaerobia, que se basan en el uso de microrganismo vivos o sustancias derivadas de estos. Un esquema simplificado de transformación de la biomasa en otros productos de valor añadido se presenta en la Figura 5.3.

En la etapa de producción, en el caso de los bioprocesos, la demanda de energía puede reducirse sustancialmente respecto a un proceso equivalente (mismo producto final) basado en la química inorgánica, dado que los procesos suelen desarrollarse en condiciones de presión y temperatura poco extremas y compatibles con la vida o la estabilidad de las sustancias empleadas para favorecer la transformación de la biomasa en las sustancias deseadas. Por el mismo motivo, la toxicidad de las materias primas adicionales empleadas en esta etapa tiende a ser menor. Estos aspectos permiten prevenir la contaminación asociada tanto a los procesos de generación de energía evitados por la disminución del consumo energético y a la producción y uso de sustancias químicas toxicas.

Respecto a la contaminación asociada a las etapas de pretratamiento y producción, esta dependerá de la capacidad del bioproceso productivo

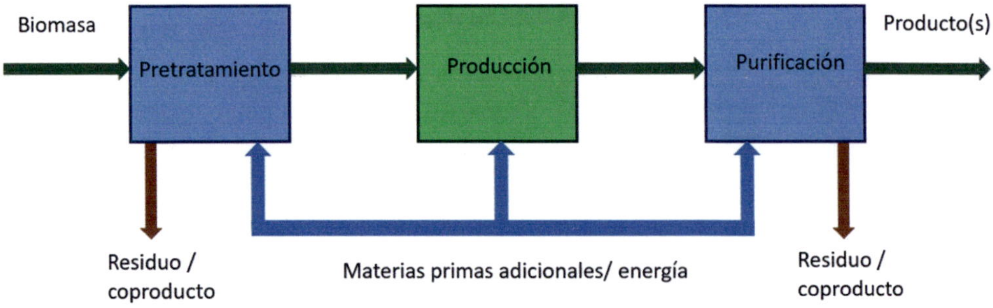

FIGURA 5.3.
Esquema simplificado de un proceso de transformación de biomasa.

para asimilar la biomasa disponible, requiriendo un mayor o menor grado de pretratamiento y de la selectividad de este y un proceso de purificación más o menos intensivo. Esto pone de manifiesto la necesidad de una conceptualización integral de la biorrefinería que contemple todas las etapas del proceso, y no únicamente enfocada en la etapa productiva, lo que podría llevarnos a un desarrollo fallido con inconvenientes únicamente visibles en una etapa posterior de desarrollo.

2 Contribuciones asociadas a los bioproductos

La persistencia de compuestos químicos sintéticos en la naturaleza, como los que constituyen las partículas de plástico de origen fósil que se acumulan en los océanos, es una fuente de toxicidad que afecta tanto a los ecosistemas y la biodiversidad, como a los seres humanos a través de la cadena alimentaria. La UE estima que los océanos contienen más de 150 millones de toneladas de plásticos en la actualidad, con un coste anual de entre 259 y 695 millones de euros, afectando principalmente a los sectores turístico y pesquero.

Definida la biodegradabilidad de una sustancia como la capacidad para ser degradada de forma natural por los microorganismos existentes en el medio, podemos afirmar que su persistencia será tanto menor cuanto mayor sea esta. Por tanto, la producción de sustancias alternativas a las existentes en el mercado, con propiedades equivalentes pero con mayor biodegradabilidad, permitiría contribuir sustancialmente a la prevención de la contaminación, reduciendo los impactos ambientales asociados y los costes derivados.

Por su propia naturaleza, resulta más sencillo llegar a obtener productos biodegradables partiendo de una materia prima de origen biológico. De este modo, las biorrefinerías pueden contribuir a la prevención de la contaminación mediante la producción, de manera competitiva, de compuestos biodegradables con propiedades equivalentes a otros compuestos existentes en el mercado, derivados de recursos fósiles, con mayor persistencia en el medio ambiente y, por tanto, un mayor impacto ambiental.

Dicho esto, merece la pena aclarar que se denomina bioproducto a aquel que se deriva total o parcialmente de una fuente biológica, pero esto no implica que sea biodegradable. Dada esta definición, los productos de una biorrefinería se consideran bioproductos, por proceder de la biomasa, pero, como se acaba de mencionar, esto no implica que sean biodegradables. Por ejemplo, es posible producir un bioplástico como el bioestireno a partir de azúcar de maíz, que, salvo en la materia prima y el proceso productivo, no se diferencia en nada del producido a partir de recursos fósiles y que no es biodegradable. Pero, también a partir de azúcar de maíz, es posible producir un polihidroxialcanoato (PHA), que, en este caso, es un bioplástico biodegradable con propiedades mecánicas similares al polipropileno (PP), un plástico de origen fósil no biodegradable (Figura 5.4).

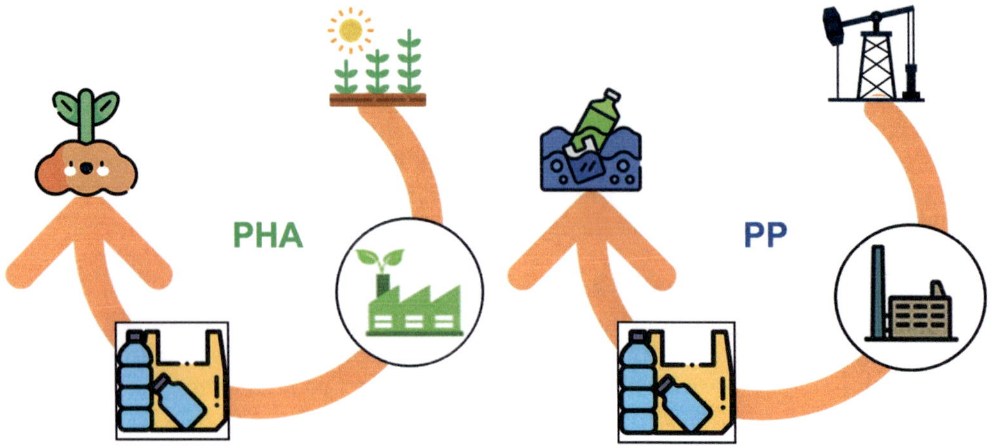

FIGURA 5.4.
Bioplástico biodegradable (PHA) frente a plástico no biodegradable (PP).

Otro grupo de sustancias derivadas del petróleo y el gas natural, empleadas en múltiples aplicaciones industriales y domésticas y que alcanzan un consumo anual de 15 millones de toneladas, son los tensoactivos (o surfactantes). La difícil biodegradabilidad de algunas de estas sustancias y su toxicidad han llevado a la formulación de surfactantes biodegradables con propiedades tensoactivas equivalentes producidos a partir de diferentes tipos de biomasa como cereales, semillas oleaginosas y algas, entre otras.

1.4 Uso de fuentes de biomasa secundarias – Cerrando el ciclo del carbono

La producción de biomasa mediante cultivos *ad hoc* (por ejemplo: caña de azúcar, cereales o cultivos oleaginosos) se plantea como una de las soluciones a la necesidad de mantener el suministro de materia prima necesario, en términos de cantidad y calidad, para el funcionamiento de la biorrefinería. Esto se ha llamado, biorrefinería de primera generación. Sin embargo, esta solución puede plantear problemas, como la competencia en el uso de suelo respecto a aplicaciones para producción alimentaria, y está cada vez más denostada. Como alternativa, se encuentra la valorización de biomasa residual (por ejemplo: aceites residuales, restos agrícolas y forestales, o fracción orgánica de residuos sólidos urbanos) dando lugar a las biorrefinerías de segunda generación. Esta solución reduce el impacto asociado a la generación de la materia prima, contribuyendo a la valorización de dichos residuos y, con ello, al desarrollo de una economía circular basada en un mayor aprovechamiento de los recursos. No obstante, no es oro todo lo que reluce y el empleo de fuentes secundarias implica un menor control en la composición y disponibilidad de esta, incrementando la complejidad de los procesos de transformación o requiriendo sistemas de acondicionamiento con un mayor requerimiento energético o de productos químicos, lo que puede amortiguar en cierto modo las ventajas iniciales del uso de este tipo de materia prima. Por otro lado, su mayor dispersión, respecto a una producción centralizada, requiere de sistemas de recogida y transporte que pueden llevar también a un incremento de los costes y los impactos ambientales. Todo ello nos lleva a plantearnos cómo poder identificar qué modelo es mejor según el caso en términos de sostenibilidad ambiental, económica y social. Siendo esto objeto del siguiente apartado del presente capítulo, no nos extenderemos en el cómo, sino en presentar uno de los dilemas actuales en cuanto a la reutilización de fuentes secundarias en biorrefinerías como es la definición del tipo de producto objetivo en el que queremos transformarla y que podría resumirse en dos opciones: (1) mantenimiento del carbono orgánico en la cadena de valor mediante la síntesis de bioproductos o (2) valorización energética mediante la síntesis de biocombustibles. ¿Podemos llamar economía circular a aquellos sistemas de valorización energética en los que el carbono biogénico es liberado a la atmósfera tras la quema del biocombustible? Estos sistemas, como se ha dicho anteriormente, tienen la ventaja de que tienen el potencial de reducir las emisiones de gases de efecto invernadero sustituyendo a los combustibles fósiles, además de trasformar la economía liberándola de la dependencia de un recurso finito, poniendo a su disposición una fuente renovable de energía como es la biomasa. Pero, aun siendo un recurso renovable, su disponibilidad es limitada en un instante de tiempo determinado. Podríamos ilustrarlo con el siguiente ejemplo: tendríamos una fuente de energía infinita para nuestras casas, pero tenemos que elegir entre tener conectada la nevera o el aire acondicionado. Es decir, si cubrimos las necesidades energéticas actuales empleando la biomasa disponible, no disponemos de dicho carbono orgánico para otros usos que pueden ir desde la enmienda de suelos hasta la síntesis de bioplásticos.

Pero esta disyuntiva no queda ahí y, resuelto el dilema, supongamos, en favor de mantener dicho carbono en el ciclo de la llamada bioeconomía, qué es mejor: (1) ¿producir un bioplástico no biodegradable y fácilmente reciclable o (2) producir un bioplástico biodegradable y generar un residuo que transformado en compost permita cerrar el ciclo del carbono retornado este al suelo? En la Figura 5.5. se ilustran posibles recorridos del carbono orgánico a través de diferentes ciclos de valorización mediante el empleo de biorrefinerías. La figura no pretende representar todos los posibles usos o productos sino ilustrar las diferentes opciones de valorizar la biomasa residual cerrando el ciclo del carbono e incluyendo la opción de cubrir la demanda energética de los procesos involucrados. Tanto el biogás como el biometano estarían dentro de la opción identificada como biocombustible.

De cara a limitar aquellas rutas que, a pesar de los beneficios que pueda representar el cierre del ciclo del carbono desde un punto de vista de mitigación del cambio climático o de la economía circular puedan tener efectos indeseados debidos, por ejemplo, al impacto ambiental de

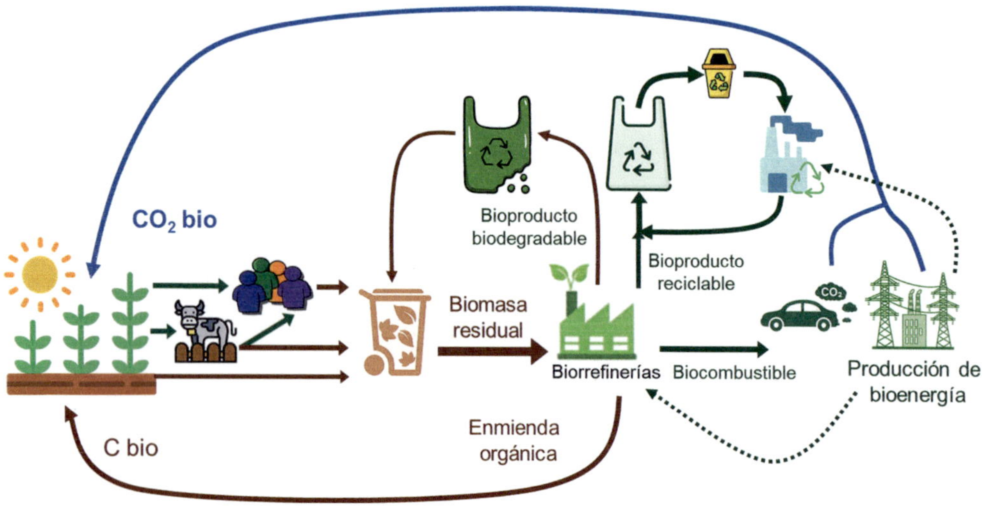

FIGURA 5.5.
Posibles ciclos para el carbono biogénico (C bio) creados mediante la valorización de biomasa residual en biorrefinerías

la producción de la materia prima, en el caso de biorrefinerías de primera generación, o de transformación y transporte de la biomasa, principalmente en el caso de biorrefinerías de segunda generación, existen instrumentos que establecen límites a la hora de considerar la condición de renovable o sostenible para determinados usos finales.

La Directiva Europea relativa al fomento del uso de energía procedente de fuentes renovables (EU) 2018/2001, revisada por última vez en 2023 (RED III), incluye criterios de sostenibilidad y de reducción de las emisiones de gases de efecto invernadero para biocombustible. Por ejemplo, la reducción mínima de las emisiones de gases de efecto invernadero derivada del uso de biocombustibles respecto de su equivalente fósil se establece en el 50 %, 60 % y 65 % para instalaciones con fecha de entrada en funcionamiento antes de 05/10/2015-2021, 06/10/2015-31/12/2020, 01/01/2021, respectivamente. En la misma directiva se establecen también otros criterios de sostenibilidad como los relativos al uso de la tierra, cambio de uso de la tierra y silvicultura.

Otro ejemplo podemos encontrarlo en el Reglamento de la Taxonomía europea de finanzas sostenibles, (EU) 2020/852. Un sistema de clasificación que ayuda a empresas e inversores a identificar actividades económicas "ambientalmente sostenibles" mediante el uso de criterios de contribución substancial a alguno de los siguientes objetivos: 1) mitigación del cambio climático, 2) adaptación al cambio climático, 3) prevención y control de la contaminación, 4) transición a una economía circular, 5) sostenibilidad y protección de los recursos hídricos y marinos y 6) protección y restauración de la biodiversidad y los ecosistemas. En el caso de actividades con contribución substancial a la economía circular, podemos encontrar la producción de envases fabricados con plástico producido a partir de biomasa residual (al menos un 65 %) que cumpla con el requisito, entre otros, de tener unas emisiones de gases de efecto invernadero menores que las generadas en la producción de un plástico con propiedades equivalentes fabricado a partir de recursos fósiles. Además, deben estar diseñados para ser fácilmente reciclables, permitiéndose el uso de plástico compostable únicamente en aplicaciones en las que la masa de plástico es muy pequeña, como bolsas de té o pegatinas de frutas y vegetales. Debe tenerse en cuenta que la reutilización se encuentra en un lugar prioritario respecto al compostaje, donde el carbono se encontraría fuera de la cadena de valor y de ahí las restricciones de uso de esta ruta de cara a considerar una contribución sustancial a la transición a una economía circular.

2. ¿CÓMO MEDIMOS LA SOSTENIBILIDAD? CICLO DE VIDA Y ANÁLISIS DE IMPACTO

Como hemos visto antes, el concepto de sostenibilidad se ha convertido en una prioridad global. Pero, ¿qué significa realmente ser sostenible? ¿Podemos cuantificar cuándo un sistema es sostenible? En el contexto de las biorrefinerías, la sostenibilidad se traduce en encontrar formas de utilizar los recursos naturales de manera eficiente, minimizando impactos ambientales, promoviendo el desarrollo social y asegurando la viabilidad económica.

Para garantizar que una biorrefinería cumple con estos principios, no basta con buenas intenciones. Es necesario medir, cuantificar y evaluar objetivamente su desempeño. Aquí es donde entran en juego herramientas como el Análisis de Ciclo de Vida (ACV), que permiten entender el verdadero impacto de estas tecnologías desde una perspectiva integral. Pero antes de profundizar en esta herramienta, consideremos una pregunta clave: ¿por qué medir la sostenibilidad?

Las biorrefinerías a menudo se presentan como una solución sostenible. A simple vista, provienen de fuentes renovables por lo que parecen una opción más sostenible en comparación con productos derivados del petróleo. Sin embargo, si analizamos toda la cadena de suministro asociada a la biorrefinería —desde la adquisición de la biomasa, su preparación, transporte, pretratamiento, conversión y uso final del producto— la respuesta puede no ser tan sencilla ya que su sostenibilidad real depende de múltiples factores. En ciertas circunstancias, como cuando la logística de la biomasa es muy compleja, el impacto total podría ser mayor de lo esperado. Por ejemplo, transformar residuos agrícolas en biocombustibles parece una alternativa perfecta. Sin embargo, si el transporte de esa biomasa hasta la biorrefinería implica largos trayectos en vehículos pesados que funcionan con diésel, las emisiones de gases de efecto invernadero asociadas podrían superar incluso las generadas por la producción y uso de combustibles fósiles.

Imagine ahora que se propone utilizar bioetanol en un vehículo en lugar de gasolina. En particular, consideremos que la producción de ese bioetanol es a partir de residuos del cultivo del maíz. Si el maíz se cultiva localmente y los residuos se procesan en una biorrefinería cercana, el impacto ambiental podría ser significativamente menor que el de la gasolina. Sin embargo, si los residuos deben transportarse cientos de kilómetros en camiones de carga pesada, las emisiones asociadas al transporte (incluyendo CO_2, óxidos de nitrógeno y partículas) podrían contrarrestar los beneficios ambientales del uso del biocombustible. En este caso, el producto fósil podría tener incluso una huella de carbono total más baja, especialmente si la gasolina proviene de una refinería eficiente y se transporta mediante infraestructuras ya optimizadas.

Otro ejemplo podría ser el uso de aceite de palma como materia prima para producir biodiésel. A primera vista, este biocombustible parece una alternativa viable a los combustibles fósiles, especialmente si el aceite de palma se obtiene de plantaciones gestionadas de manera sostenible y ubicadas cerca de la biorrefinería. En este escenario ideal, la huella de carbono del biodiésel podría ser considerablemente menor que la del diésel fósil convencional. Sin embargo, el transporte de aceite de palma hasta las biorrefinerías en países consumidores puede implicar largos trayectos en barcos, trenes y camiones, haciendo que, en términos de huella de carbono total, el biodiésel tenga un impacto similar o mayor que su contraparte fósil. Además, en la práctica, gran parte del aceite de palma utilizado a nivel mundial proviene de plantaciones ubicadas en regiones tropicales. Estas plantaciones suelen establecerse a costa de la deforestación de selvas tropicales, que son ecosistemas cruciales para la biodiversidad global. La conversión de bosques en monocultivos no solo libera grandes cantidades de carbono almacenado en el suelo y los árboles como sumideros naturales, sino que también destruye hábitats. Este impacto en la biodiversidad representa un cambio de carga ambiental: se reducen las emisiones de gases de efecto invernadero durante el uso del biodiésel, pero a costa de generar un impacto severo en los ecosistemas naturales. El problema además puede no terminar ahí. La expansión de estas plantaciones también puede generar otros impactos indirectos. Por ejemplo, el uso intensivo de fertilizantes para mantener la productividad de los monocultivos de palma puede provocar la lixiviación de nutrientes como el nitrógeno y el fósforo hacia cuerpos de agua cercanos. Esto puede desencadenar procesos de eutrofización, donde el exceso de nutrientes estimula el crecimiento descontrolado de algas, disminuyendo los niveles de oxígeno en el agua y afectando gravemente a los ecosistemas acuáticos. En este caso, al resolver el problema de la dependencia de combustibles fósiles, se generan nuevos desafíos ambientales relacionados con la calidad del agua y los ecosistemas acuáticos.

Estos ejemplos ilustran por qué es imprescindible analizar cada paso del ciclo de vida de un bioproducto antes de calificarlo como sostenible. Es aquí donde el ACV juega un papel crucial. Esta herramienta no solo cuantifica las emisiones de gases de efecto invernadero en todas las etapas del ciclo de vida, sino que también evalúa una amplia gama de impactos ambientales, como el uso de suelo, la acidificación del aire, la eutrofización y la pérdida de biodiversidad. Gracias al ACV, los tomadores de decisiones pueden identificar estos cambios de cargas y buscar soluciones más equilibradas que minimicen los impactos en todas las dimensiones posibles.

2.1 ¿Qué es el Análisis de Ciclo de Vida?

El ACV es una metodología estandarizada ampliamente reconocida que permite evaluar de manera sistemática los impactos ambientales asociados a un producto, proceso o servicio durante todas las etapas de su vida útil. Su relevancia radica en proporcionar una visión integral que identifica no solo los impactos visibles, sino también aquellos que están ocultos en diferentes fases del ciclo de vida. Esto incluye desde la extracción de materias primas hasta la disposición final o reciclaje, comúnmente conocido como el enfoque "de la cuna a la tumba". Este enfoque permite una evaluación holística, asegurando que se consideren todas las interacciones del producto con el medio ambiente a lo largo de su existencia (Álvarez Gallego, 2017).

El ACV está regulado por las normas internacionales ISO 14040 e ISO 14044, que proporcionan directrices detalladas para su correcta ejecución. Estas normas aseguran que los análisis se realicen de manera consistente, transparente y comparable, lo que es particularmente importante para respaldar decisiones basadas en evidencia.

En términos prácticos, el ACV actúa como una "radiografía ambiental", destacando los puntos críticos en las cadenas de producción y consumo. Por ejemplo, para un biocombustible, se analizarían las emisiones generadas no solo durante su combustión, sino también durante el cultivo de la biomasa, el procesamiento industrial, el transporte y el manejo de residuos. Esta perspectiva integral es esencial para garantizar que una solución tecnológica no resuelva un problema ambiental a costa de generar otro, como es el caso de los cambios de cargas ambientales.

La Figura 5.6 representa de forma esquemática y circular las principales etapas involucradas en la producción, transporte, uso y disposición de un biocombustible como el bioetanol producido a partir de maíz. Cada fase del ciclo de vida incluye procesos, actividades e impactos que deben considerarse para evaluar la sostenibilidad del producto, en este caso el uso de bioetanol para el transporte. Solo de ese modo, mediante la consideración de todo el ciclo de vida, es posible conocer las implicaciones reales en el planeta del uso del biocombustible.

En el ejemplo (Figura 5.6.), el ciclo de vida se inicia con el cultivo de maíz, donde se deben tener en cuenta el uso de fertilizantes y pesticidas (y cómo han sido producidos), el consumo de agua para riego y los impactos en el uso del suelo, entre otros. La mayoría de los fertilizantes se producen a partir de gas natural, un recurso fósil cuya extracción y procesamiento generan emisiones significativas de CO_2. Además, al ser aplicados al

FIGURA 5.6.
Ejemplo de ciclo de vida de un biocombustible para el transporte.

suelo, pueden liberar óxido nitroso (N_2O), un gas de efecto invernadero con un potencial de calentamiento global 298 veces mayor que el del CO_2. Este efecto ocurre especialmente en suelos saturados de agua, como tras lluvias intensas. Por otro lado, el exceso de fertilizantes puede lixiviarse a cuerpos de agua, causando impactos como la eutrofización y afectando la biodiversidad acuática.

Posteriormente la biomasa debe ser recolectada, lo cual implica el uso de maquinaria agrícola, que consume combustibles fósiles como diésel, generando emisiones directas de CO_2 y otras partículas contaminantes, como óxidos de nitrógeno (NO_X) y material particulado, que contribuyen a la contaminación del aire y al cambio climático. Además, por ejemplo, el uso de un tractor requiere lubricantes y otros insumos derivados del petróleo, así como considerar el impacto ambiental asociado a la construcción de la maquinaria, que incluye la extracción y procesamiento de materiales como acero y plástico, y el consumo energético en su fabricación. Estos impactos, junto con los generados durante su uso final, forman parte del ciclo de vida que debe evaluarse para entender el impacto total del sistema. A continuación, el maíz será trasladado a la biorrefinería (planta de procesamiento), generalmente en camiones. Esta etapa es muy importante debido a la baja densidad de las biomasas en comparación con los combustibles fósiles. El impacto ambiental de esta etapa varía según la distancia recorrida y el tipo de combustible utilizado en el transporte, entre otras cosas. En la biorrefinería será donde tenga lugar la conversión a bioetanol. Será probablemente necesario hacer un pretratamiento para que romper la estructura lignocelulósica y hacer que los azucares fermentables estén disponibles. Además, incluye procesos como la fermentación y destilación, que requieren energía y agua. Como resultado, se generan residuos (como vinaza) y la posibilidad de aprovechar coproductos, como el bagazo, en otros procesos.

Una vez producido el bioetanol, es transportado a las estaciones de servicio. Este transporte implica consumo energético adicional y emisiones indirectas de los cambiones cisterna. Finalmente, el biocombustible se quema en motores, generando emisiones de CO_2 biogénico, que se considera parte del ciclo natural del carbono, pero en la fase de uso también pueden emitirse otros contaminantes, como monóxido de carbono (CO), óxidos de nitrógeno (NO_X) y compuestos orgánicos volátiles (COV), que afectan la calidad del aire y contribuyen a la formación de ozono troposférico. Estos impactos deben ser considerados en el análisis completo de su sostenibilidad.

La Figura 5.6 muestra cómo cada fase contribuye al impacto total del ciclo de vida del biocombustible, destacando la importancia de considerar aspectos como la huella de carbono, el uso del agua, las emisiones durante el transporte y los efectos en la biodiversidad. Este enfoque integral permite identificar puntos críticos y optimizar procesos para avanzar hacia una producción más sostenible. El ACV es fundamental para entender la sostenibilidad real de una biorrefinería y sus productos, ya que considera no solo los beneficios aparentes, como la reducción de emisiones durante el uso de biocombustibles, sino también los impactos ocultos en fases como la producción, el transporte y la gestión de residuos. Al analizar cada etapa de manera detallada, el ACV permite identificar posibles cambios de cargas ambientales y tomar decisiones más informadas para minimizar impactos negativos.

En el contexto de las biorrefinerías el ACV se utiliza principalmente para:

- **Comparar productos o procesos.** El ACV se puede utilizar para evaluar si un producto o proceso es más sostenible que otras alternativas cumpliendo la misma función. Siguiendo con el ejemplo del biocombustible, puede analizarse si el bioetanol producido a partir de biomasa es realmente más sostenible que la gasolina convencional o que el biodiesel como combustible para el transporte. Aunque el bioetanol reduce las emisiones de CO_2 durante su uso al tratarse de un carbono biogénico, su producción puede implicar un mayor consumo de agua y fertilizantes en el cultivo de biomasa, además de generar impactos en la biodiversidad si la expansión agrícola causa deforestación. Asimismo, el transporte de los cultivos a la biorrefinería puede emitir cantidades significativas de gases de efecto invernadero, especialmente si se utilizan camiones a diésel y las distancias son largas. Estos factores podrían contrarrestar los beneficios climáticos del bioetanol, dependiendo del contexto.

Otro ejemplo, puede ser analizar si un bioplástico producido a partir de biomasa realmente tiene un menor impacto ambiental que un plástico convencional hecho de petróleo. Aunque el bioplástico puede ser biodegradable y menos dependiente de combustibles fósiles, su producción podría requerir más agua o generar impactos sobre la biodiversidad debido a la deforestación para el cultivo de materias primas. El ACV permite identificar si estos beneficios compensan sus posibles desventajas y en qué contextos sería la mejor opción.

- **Identificar puntos críticos.** Uno de los usos más prácticos del ACV es identificar las etapas de la cadena de suministro o los procesos donde los impactos ambientales son más significativos. Estos "puntos críticos" se convierten en áreas prioritarias para implementar mejoras que reduzcan la huella ambiental de la biorrefinería. Por ejemplo, en una biorrefinería que produce bioetanol a partir de maíz, el ACV podría revelar que el uso de fertilizantes químicos durante el cultivo genera gran parte de las emisiones de gases de efecto invernadero, como el óxido nitroso (N_2O), y contribuye a la eutrofización de ríos cercanos debido al exceso de nutrientes. Otra etapa crítica podría ser el transporte de la biomasa desde los campos hasta la planta, donde largas distancias recorridas por camiones a diésel pueden generar emisiones significativas de CO_2. Con esta información, los responsables pueden tomar decisiones informadas, como fomentar el uso de fertilizantes orgánicos, optimizar las rutas logísticas o localizar la biorrefinería más cerca de los campos de cultivo, reduciendo así tanto las emisiones como los impactos en los ecosistemas.
- **Identificación de opciones de mejora.** El ACV no solo identifica problemas, sino que también orienta la implementación de soluciones para optimizar procesos y reducir impactos ambientales. Por ejemplo, si un análisis revela que una biorrefinería consume grandes cantidades de energía durante el procesamiento del bioetanol, una solución podría ser integrar fuentes de energía renovable, como paneles solares o biomasa residual, para alimentar parte de la planta. En el caso del transporte, el ACV podría destacar la necesidad de construir biorrefinerías más cercanas a las zonas de cultivo o implementar pretratamientos en el campo, como el astillado o la compactación de la biomasa, lo que aumentaría su densidad energética y reduciría significativamente la cantidad de transporte necesaria. Estas mejoras no solo disminuyen la huella de carbono, sino que también pueden contribuir a una mayor eficiencia en los costos operativos de la cadena de suministro.
- **Evaluar sostenibilidad integral.** El impacto ambiental de un producto no se reduce únicamente a su huella de carbono (suma de todos los gases de efecto invernadero en el ciclo de vida), aunque este indicador es muy relevante. El ACV permite considerar una amplia gama de factores que influyen en la sostenibilidad integral como por ejemplo el

daño a la biodiversidad (¿El cultivo de la biomasa desplaza ecosistemas naturales, afectando hábitats de especies locales?) o el consumo de agua (¿Cuánta agua se requiere durante el ciclo de vida del producto? Esto es crucial en regiones donde el agua es un recurso escaso). El ACV permite integrar estos y otros impactos para ofrecer una visión completa, ayudando a diseñar soluciones que minimicen impactos en todas las dimensiones.

2.2 ¿Cómo se realiza un Análisis de Ciclo de Vida?

Como hemos visto en el ejemplo del bioetanol, es fundamental considerar todo el ciclo de vida para comprender las implicaciones ambientales de un producto en el planeta. Solo a través de esta evaluación integral es posible identificar los impactos directos e indirectos asociados a cada etapa del proceso, desde la producción de materias primas hasta su uso y disposición final. Ahora bien, ¿cómo se realiza un estudio de ACV?

El ACV consta de cuatro fases principales que se muestran en la Figura 5.7, cada una diseñada para proporcionar una visión más completa de los impactos ambientales:

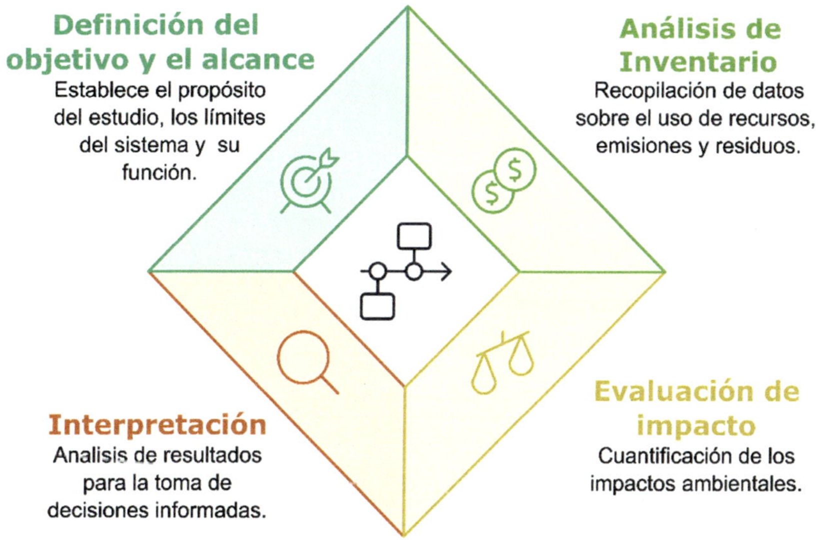

FIGURA 5.7.
Fases de realización de un estudio de Análisis de Ciclo de Vida.

FASE 1 Definición del objetivo y el alcance

La primera fase del ACV consiste en establecer el propósito del análisis y los límites del sistema que se evaluará. Esto implica definir qué procesos serán considerados (por ejemplo, cultivo de biomasa, transporte, conversión en bioetanol y uso final) y cuáles quedarán fuera del análisis. Asimismo, se identifican los impactos ambientales que se estudiarán, como emisiones de gases de efecto invernadero, consumo de agua, eutrofización u otros posibles impactos. En el ejemplo del biocombustible para el transporte, el ACV podría plantearse para analizar si la producción y uso de bioetanol a partir de residuos de maíz en una región específica es más sostenible que el uso de gasolina convencional para el transporte en esa misma área. Otro objetivo puede ser evaluar la sostenibilidad ambiental de una biorrefinería de bioetanol identificando las etapas clave que generan los mayores impactos ambientales y proponiendo mejoras en el proceso de producción. Otro estudio puede centrarse en comparar el desempeño ambiental del bioetanol producido a partir de diferentes materias.

Además, en esta primera fase, es crucial definir el sistema y sus límites, es decir, hasta dónde se extenderá el análisis. Por ejemplo, el sistema podría incluir desde el cultivo de la biomasa hasta su uso en motores o limitarse solo a ciertas etapas, como la producción y transporte del biocombustible. En el contexto de las biorrefinerías, los límites del sistema suelen establecerse en función del objetivo del estudio y del alcance deseado. Los límites más comunes incluyen un enfoque "de la cuna a la tumba", que abarca desde la extracción de materias primas (como el cultivo de biomasa) hasta el uso final del producto y su disposición, o un enfoque "de la cuna a la puerta", que se detiene en la salida del producto de la biorrefinería, excluyendo su uso y disposición. En algunos casos, los estudios también pueden enfocarse únicamente en etapas específicas, como el procesamiento dentro de la biorrefinería o el transporte de la biomasa. Por ejemplo, si quiero comparar el desempeño ambiental del bioetanol producido a partir de diferentes biomasas para seleccionar la mejor ruta, sería suficiente un alcance "de la cuna a la puerta" ya que lo que ocurra aguas abajo con el uso del bioetanol sería el mismo para todas las rutas.

En esta fase inicial también hay que definir lo que se conoce como "unidad funcional" (UF), que mide la función del sistema y se refiere la medida cuantitativa estándar utilizada para expresar los resultados del ACV. La UF permite comparar diferentes productos o procesos en términos del servicio o función común que proporcionan, asegurando que el análisis sea consistente y relevante. La UF debe ser relevante para el producto o servicio que se evalúa. En los sistemas de biorrefinerías, dependiendo del objetivo del análisis y las características del sistema, se pueden utilizar diferentes tipos de UF. Una UF relativa a la entrada de biomasa se basa en la cantidad de biomasa utilizada como entrada en el sistema. Es independiente del proceso de conversión y del tipo de producto final, lo que la convierte en una herramienta útil para determinar cuál es el mejor uso de una biomasa específica, como por ejemplo la mejor ruta de conversión de un residuo biomásico. Por otro lado, una UF relativa al producto final permite comparar diferentes procesos de producción en función del mismo producto, como bioetanol utilizando distintas materias primas o configuraciones tecnológicas. Esto es útil para analizar qué diseño de proceso o materia prima proporciona un menor impacto ambiental por unidad de producto generado. Otra UF útil puede estar relacionada con el uso del suelo, que se basa en la cantidad de hectáreas necesarias para producir la biomasa requerida. Es especialmente relevante para comparar la productividad de cultivos energéticos y analizar impactos relacionados con la competencia por la tierra, como la posible deforestación o desplazamiento de tierras agrícolas para otros fines. También se puede emplear como UF la producción total anual de una biorrefinería, teniendo en cuenta la diversidad de productos generados. Esta unidad es útil para sistemas que entregan múltiples productos, como biocombustibles, bioplásticos y coproductos, y permite evitar la asignación de cargas al tratarse de un enfoque agregado. Finalmente, una UF basada en distancia recorrida o contenido energético se centra en el uso de biocombustibles para el transporte, midiendo el impacto ambiental por unidad de distancia recorrida (por ejemplo, kilómetros por tonelada transportada) o por unidad de energía. Esto facilita la comparación entre diferentes tipos de biocombustibles en términos de eficiencia y emisiones.

Estas UU.FF. ofrecen flexibilidad para adaptarse a las características específicas del sistema de biorrefinería y al objetivo del estudio, asegurando una evaluación precisa y comparativa de los impactos ambientales. En el ejemplo de uso del bioetanol como biocombustible, la unidad funcional podría definirse como toneladas-kilómetro (tkm), es decir, la cantidad de combustible necesaria para transportar una tonelada de carga a lo largo de un kilómetro. Esta unidad funcional permite comparar los impactos ambientales asociados al transporte utilizando bioetanol frente a gasolina, proporcionando una base uniforme para interpretar los resultados. La correcta definición del sistema, sus límites y la unidad funcional asegura que el análisis sea coherente, transparente y relevante para responder las preguntas clave del estudio.

FASE 2 Inventario de Ciclo de Vida

En esta fase se recopilan datos necesarios sobre los recursos que ingresan al sistema y los resultados (productos y emisiones) que se generan en cada etapa del ciclo de vida definido previamente. Estos datos, conocidos como flujos de entrada y salida, incluyen las entradas (como energía, agua, fertilizantes, y materias primas) y las salidas (como emisiones al aire, agua o suelo, productos finales y residuos). Este análisis debe abarcar todo el ciclo de vida del sistema estudiado, evaluando no solo los flujos directos, sino también los impactos asociados a los insumos utilizados. Por ejemplo, si se analiza el uso de fertilizantes en el cultivo de biomasa, no basta con saber cuánta cantidad de fertilizante se aplicó por UF; también es necesario incluir el impacto ambiental asociado a la producción de ese fertilizante. Esto implica recopilar datos sobre el ciclo de vida del fertilizante en sí, como las emisiones generadas durante su fabricación (por ejemplo, óxido nitroso en la síntesis de amoníaco), el consumo de energía necesario para su producción y transporte. Además, se deberán considerar las emisiones directas tales como N_2O derivadas de la aplicación en el campo del fertilizante.

El inventario constituye la base cuantitativa del análisis y requiere un enfoque riguroso para garantizar la calidad y representatividad de los datos. Es extremadamente complejo y requiere una gran cantidad de información detallada, que abarca desde la extracción de materias primas hasta la disposición final del producto. Para facilitar esta tarea, existen diversas bases de datos de inventario que recopilan datos previamente validados sobre procesos industriales, consumo de recursos y emisiones ambientales. Estas bases de datos, como Ecoinvent, Agri-footprint o GaBi, contienen información estandarizada y ampliamente utilizada en estudios de ACV. Por ejemplo, pueden proporcionar datos sobre el impacto de la producción de fertilizantes, las emisiones generadas por el transporte en diferentes tipos de vehículos o el consumo energético asociado a procesos de conversión en una biorrefinería. Estas herramientas no solo simplifican la recopilación de datos, sino que también garantizan una mayor consistencia y fiabilidad en los resultados del análisis. Sin embargo, es importante evaluar la pertinencia de los datos para el contexto específico del estudio, adaptándolos si es necesario a factores locales, temporales o tecnológicos.

FASE 3 Evaluación del impacto

La evaluación del impacto es la fase clave del ACV en la que los datos recopilados durante el inventario se transforman en indicadores cuantitativos que permiten medir los impactos ambientales en diferentes categorías. Existen muchas metodologías que permiten traducir los inventarios en categorías de impacto ambiental, cada una con enfoques y modelos específicos para calcular los efectos en el medio ambiente. Algunas de las metodologías más utilizadas incluyen CML que clasifica los impactos en categorías como calentamiento global, acidificación, y eutrofización, o el método ReCiPe 2016 que integra modelos detallados para evaluar los impactos ambientales desde dos perspectivas: puntos intermedios (como el cambio climático o la toxicidad) y puntos finales (como la afectación a la salud humana, los ecosistemas y la disponibilidad de recursos). La elección de la metodología utilizada depende del objetivo del análisis, la región de estudio y los impactos más relevantes. Independientemente de la metodología seleccionada, todas aplican factores de caracterización que permiten convertir los datos de inventario, como los kilogramos emitidos de CO_2, metano (CH_4) u óxido nitroso (N_2O), en valores comparables para diferentes categorías de impacto ambiental. Por ejemplo, en el caso del bioetanol (Figura 5.7), si durante el cultivo de la biomasa se emiten 10 kg de óxido nitroso por el uso de fertilizantes y 5 kg de metano por actividades agrícolas, estos gases pueden transformarse en CO_2 equivalente (unidades en que se mide el cambio climático o la huella de carbono) utilizando los factores de Potencial de Calentamiento Global (PCG). Por ejemplo, el óxido nitroso tiene un PCG de 298, mientras que el metano tiene un PCG de 28. Multiplicando y sumando ambos valores podríamos calcular el impacto total en términos de calentamiento global: 3.120 kg de CO_2 equivalente.

Sin embargo, la sostenibilidad ambiental de las biorrefinerías no solo depende de la reducción de emisiones de gases de efecto invernadero, sino también de otros impactos ambientales que no deben pasarse por alto. Aunque los productos bio-basados pueden reducir las emisiones de gases de efecto invernadero frente a los productos fósiles, existen otros problemas ambientales importantes que deben evaluarse cuidadosamente. En este sentido, las metodologías de evaluación permiten caracterizar otros impactos. La elección de las categorías depende del objetivo del análisis, la región de estudio y los impactos más relevantes. Por ejemplo, en un estudio de bioetanol en una región árida, el impacto en el consumo de agua puede ser una categoría prioritaria, mientras que, en regiones con alta biodiversidad, los impactos sobre los ecosistemas podrían tener mayor peso. En general, los productos de biorrefinerías consiguen una reducción en gases de efecto invernadero en el ciclo de vida. Sin embargo, también existen categorías de impacto que suelen verse empeoradas, tales como la eutrofización, el uso del suelo, el consumo de agua y los efectos sobre la biodiversidad. Por ejemplo, el uso de fertilizantes en cultivos de biomasa puede aumentar los niveles de nutrientes en cuerpos de agua, generando eutrofización. Este impacto puede ser varias veces mayor en comparación con productos fósiles, afectando gravemente la calidad del agua y los ecosistemas acuáticos. Además, los cultivos energéticos pueden competir con la producción de alimentos, generar deforestación y reducir la diversidad biológica.

FASE 4 Interpretación de resultados

La última fase del ACV es la interpretación de resultados, donde se analizan y explican los datos obtenidos para extraer conclusiones. Aquí, el objetivo principal es identificar los puntos críticos del sistema —las etapas o procesos que generan el mayor impacto ambiental— y proponer mejoras concretas para reducir esos impactos. Esta etapa es esencial para traducir la información técnica en recomendaciones prácticas y comprensibles. Por ejemplo, en un ACV de bioetanol, la interpretación podría revelar que el uso de fertilizantes durante el cultivo de maíz es responsable de la mayor parte de las emisiones de gases de efecto invernadero y de la eutrofización. También podría mostrar que el transporte de la biomasa genera impactos significativos debido a largas distancias y al uso de camiones con combustibles fósiles. Con esta información, se podrían recomendar estrategias como reducir el uso de fertilizantes químicos, apostar por prácticas agrícolas más sostenibles o localizar la biorrefinería más cerca de las fuentes de biomasa.

Además, en esta fase también deben evaluarse los compromisos ambientales, es decir, si las mejoras en una categoría de impacto (como las emisiones de gases de efecto invernadero) generan problemas en otra (como el uso de agua o la biodiversidad). Esto asegura un enfoque equilibrado que considere todas las dimensiones de la sostenibilidad ambiental. De acuerdo con esos resultados se toman decisiones informadas para diseñar procesos más sostenibles y eficientes. Es la fase que conecta el análisis técnico con la acción práctica, asegurando que el ACV sea una herramienta útil para construir soluciones reales y efectivas para los desafíos ambientales.

2.3 Más allá del impacto ambiental: sostenibilidad social y económica

El ACV, aunque tradicionalmente centrado en los impactos ambientales, puede ampliarse para incluir dimensiones sociales y económicas, proporcionando así una evaluación más integral de la sostenibilidad (Figura 5.8). Este enfoque global es especialmente relevante para las biorrefinerías, ya que no solo contribuyen a la transición energética, sino que también tienen el potencial de generar beneficios sociales y económicos significativos.

Desde un punto de vista social, las biorrefinerías pueden desempeñar un papel clave en el desarrollo rural al generar empleos en comunidades agrícolas, fortaleciendo economías locales y mejorando las condiciones de vida. Además, al fomentar el uso de tecnologías limpias, pueden promover la educación y la capacitación en habilidades técnicas avanzadas, contribuyendo a una mayor inclusión tecnológica y social. En el ámbito económico, las biorrefinerías representan una oportunidad para diversificar economías regionales, creando cadenas de valor locales que reducen la dependencia de recursos fósiles importados. Sin embargo, estos beneficios vienen acompañados de retos significativos, como la necesidad de inversiones iniciales elevadas y la competencia con usos tradicionales de la tierra, como la producción de alimentos.

Integrar estas dimensiones en el ACV requiere el uso de indicadores específicos. En el aspecto social, se pueden analizar métricas como la generación de empleo, la equidad en la distribución de beneficios y la seguridad alimentaria. En el ámbito económico, los indicadores pueden incluir la rentabilidad de los procesos, la estabilidad de las cadenas de suministro y los beneficios económicos para las comunidades locales.

Evaluar la sostenibilidad de las biorrefinerías no es únicamente un ejercicio técnico, es una herramienta esencial para garantizar que estas sean soluciones integrales y efectivas frente a los desafíos globales. Incorporar las dimensiones social y económica al ACV permite adoptar un enfoque más equilibrado, considerando no solo los impactos ambientales, sino también los beneficios para las comunidades y la viabilidad económica. Este enfoque holístico asegura que las biorrefinerías puedan contribuir a un modelo energético, social y productivo realmente sostenible. Porque, como se dice, solo aquello que se mide puede mejorarse.

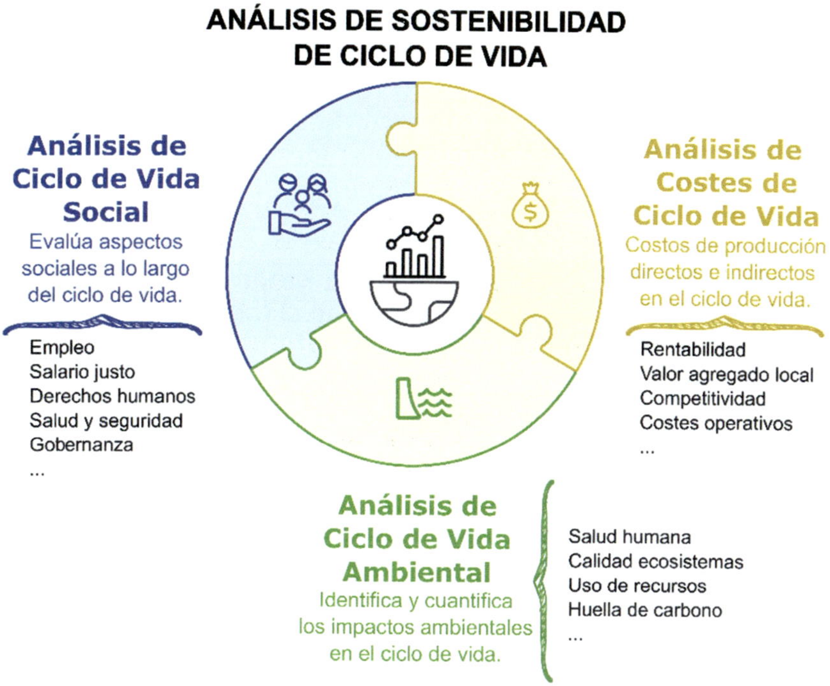

FIGURA 5.8.

Enfoque integral de análisis de sostenibilidad en el ciclo de vida: análisis económico, ambiental y social.

1. Las biorrefinerías son una alternativa sostenible a las refinerías tradicionales, pero su impacto real debe demostrarse mediante análisis rigurosos, como el ACV.
2. El uso de biomasa renovable y residuos promueve la economía circular, aunque su disponibilidad variable y los costes logísticos plantean desafíos.
3. Los biocombustibles avanzados reducen emisiones de CO_2, pero su sostenibilidad depende de factores como el transporte y el uso de fertilizantes.
4. La producción de bioproductos biodegradables (p. ej. bioplásticos) minimiza la contaminación, pero no todos los bioproductos son intrínsecamente sostenibles.
5. El ACV es esencial para evaluar impactos ambientales ocultos, como eutrofización o deforestación, y evitar cambios de carga ambiental.
6. La descentralización de biorrefinerías fortalece economías locales, pero requiere inversiones y adaptación a contextos regionales.
7. Integrar dimensiones sociales (empleo rural) y económicas (rentabilidad) en el ACV asegura una transición justa y viable.
8. Políticas como la Directiva RED III y la Taxonomía UE son clave para garantizar estándares de sostenibilidad en biocombustibles y bioproductos.
9. La optimización de procesos, como el uso de energías renovables en biorrefinerías, es crucial para maximizar beneficios ambientales.
10. El éxito de las biorrefinerías depende de equilibrar innovación tecnológica, regulación efectiva y aceptación social.

BIBLIOGRAFÍA

Álvarez Gallego, S. (2017): *La huella de carbono y el análisis de ciclo de vida*. Madrid, AENOR - Asociación Española de Normalización y Certificación.

RESUMEN

El capítulo analiza las políticas europeas y españolas para impulsar la bioeconomía y las biorrefinerías, tecnologías clave para sustituir combustibles fósiles y gestionar residuos. Europa promueve estrategias como el Pacto Verde y la economía circular, pero enfrenta barreras como altos costes, falta de viabilidad económica y marcos regulatorios complejos. España, con su potencial en biomasa agrícola (p. ej. olivo, invernaderos), ha desarrollado una Estrategia de Bioeconomía (2016) y España Circular 2030, centrada en innovación, empleo y sostenibilidad. Proyectos en Almería y Jaén ejemplifican la valorización de residuos, aunque persisten desafíos técnicos y financieros.

06

POLÍTICAS Y ESTRATEGIAS EN EUROPA Y ESPAÑA

Ramón Moreno Tost[1]

El desarrollo de cualquier tecnología disruptiva que suponga un cambio en el modelo de producción de productos químicos, combustibles o energía, necesitará del apoyo de políticas institucionales que sirvan de fuerza tractora para que el tejido productivo las incorpore como nuevas tecnologías que, a su vez, fomentará el desarrollo del *know-how* necesario para una continua mejora de dichas tecnologías.

Las biorrefinerías se encuadrarían dentro de este contexto como nuevas instalaciones industriales las cuales proporcionarían una gama de productos químicos, combustibles e incluso energía utilizando como materia prima la biomasa (Figura 6.1). En este contexto, la biomasa debe entenderse como aquella materia prima que no tenga un uso directo por parte de la población. Tampoco se debería incorporar la biomasa cultivada *ad-hoc* para su uso en una biorrefinerías, ya que en ese caso se produciría una competencia directa

1. Universidad de Málaga.

por el suelo cultivable y el agua. Por lo tanto, en las biorrefinerías, la biomasa a utilizar sería toda aquella que actualmente estaría considerada como un residuo, pero que en una biorrefinería se le daría una salida comercial, logrando con ello la eliminación de ese residuo. Sin embargo, los costes de los procesos en las biorrefinerías podrían ser elevados, sobre todo por el hecho de que la industria está aún poco desarrollada y, por tanto, dominada por los altos costes de procesamiento. Dichos costes podrán reducirse significativamente intensificando el desarrollo de la investigación sobre estos procesos. Teniendo en cuenta el bajo o nulo coste del material de partida, junto con los beneficios medioambientales derivados de la eliminación de los residuos, compensarían los elevados costes de capital para poner en marcha una biorrefinería de este tipo. Mientras los precios del petróleo tiendan a subir (y lo harán), esta estrategia será aún más atractiva.

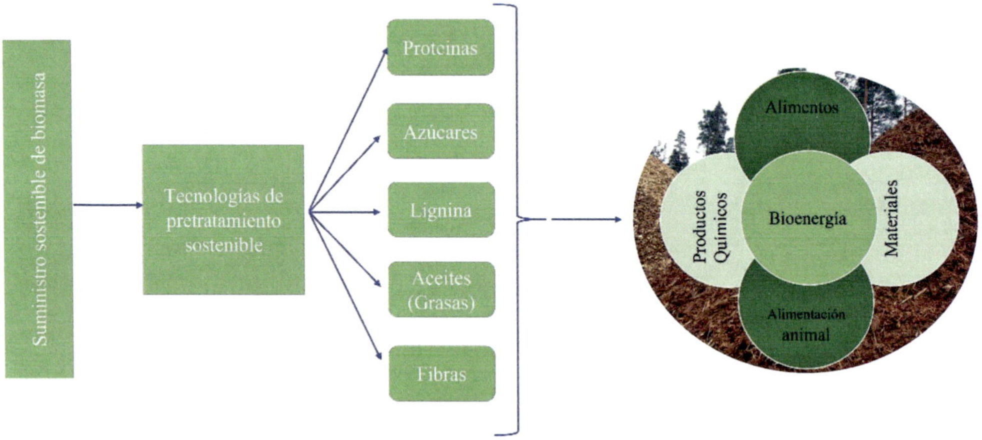

FIGURA 6.1.
Esquema general de una Biorrefinería.

A pesar del aparente interés por la biorrefinería que comparten los responsables de la toma de decisiones de alto nivel y la comunidad investigadora, el despliegue de las tecnologías de biorrefinería a escala industrial ha sido lento, y la mayoría de los proyectos de biorrefinería en Europa y Norteamérica son plantas piloto, de demostración o semicomerciales (Bacovsky, 2013), lo que ha llevado a reclamar un mayor apoyo político para ayudar a las biorrefinerías a cruzar el denominado "valle de la muerte", esa fase entre el éxito de la demostración y la introducción en el mercado, que muchas tecnologías han tenido dificultades para superar, debido a la falta de apoyo institucional (Negro, 2012), hacia un mayor uso comercial (Ragauskas, 2006). Aunque el desarrollo y la verificación experimental de las nuevas tecnologías en instalaciones de demostración y producción han contribuido a superar importantes limitaciones técnicas, siguen existiendo otros obstáculos a la adopción generalizada de tecnologías innovadoras, principalmente de carácter sociopolítico y económico (Voytenko, 2016). Entender estos obstáculos y cómo superarlos es, por tanto, una tarea importante para apoyar el desarrollo de las tecnologías de biorrefinería.

Las biorrefinerías pueden crear valor a partir de los residuos y cambiar su manera de gestión. Para ello, es necesario redefinir las materias primas y modificar las políticas y normativas de gestión de residuos. Para que un Gobierno considere la biorrefinería, debe conocer la cantidad y origen de los residuos, si se pueden reciclar y reutilizar, cómo seleccionarlos y qué tipo de residuos deben transportarse a otros centros. También hay que tener en cuenta el tipo de biorrefinería que se va a construir, dónde estará ubicada y qué productos se pueden obtener, así como cómo tratar la materia prima antes de usarla. Además, es importante tener normas que se puedan cambiar fácilmente y tener trabajadores cualificados con los conocimientos necesarios.

La bioeconomía, de la que las biorrefinerías son una parte esencial, contribuye a muchos Objetivos de Desarrollo Sostenible, como la buena salud y el bienestar, las ciudades y comunidades sostenibles, el consumo y la producción responsables y la acción por el clima. En lo que respecta al medio ambiente, los productos derivados de las *Biorrefinerías* pueden proporcionar una o varias ventajas, tales como la biodegradabilidad, la baja ecotoxicidad, la capacidad de reciclaje y la baja toxicidad para el ser humano. Estos productos tienen el potencial de reemplazar a materiales que requieren una alta cantidad de energía, como el acero, contribuyendo así a la reducción de la huella de carbono.

1. ESTRATEGIAS EUROPEAS EN BIOECONOMÍA Y SOSTENIBILIDAD

Para garantizar un modelo de crecimiento sostenible tenemos que utilizar nuestros recursos de forma más eficiente, lo que, a su vez, exige centrarse en el desarrollo sostenible, tal y como lo definió Naciones Unidas en su Report of the World Commission on Environment and Development de 1987 (ONU, 1987). Tomando como punto de partida el concepto clave de *capital natural* como la reserva mundial de activos naturales, como el aire, el agua, el suelo, los recursos geológicos y todos los organismos vivos, sean renovables o no (Costanza y Daly, 1992), es esencial plantearse la conservación de este capital natural para garantizar el futuro de la humanidad. La cuestión es que cuanto mayor sea la economía, mayor será el uso de materiales, y resulta que vivimos en un planeta con recursos finitos, lo que obliga a encontrar un equilibrio entre crecimiento y gestión de recursos. Si seguimos reduciendo las reservas de recursos naturales sin reponerlas, corremos el riesgo de un colapso ecológico. Un capital natural mal gestionado se convierte en una responsabilidad social y económica y de su mantenimiento depende la sostenibilidad. En consecuencia, nuestra economía no puede basarse en un modelo de "coger, fabricar, consumir y tirar", y los consumidores, gobiernos y empresas deben ser conscientes de esta realidad (Figura 6.2). De hecho, esto es más cierto ahora que nunca: 65.000 millones de toneladas de materias primas entraron en el sistema económico en 2010, y se esperaba que esta cifra aumentase hasta 82.000 millones de toneladas en 2020 (Ellen MacArthur Foundation, 2013). Nuestra economía lineal, no solo es insostenible, sino también inestable. Se prevé que la población mundial aumente hasta los 9.200 millones en 2050, lo que agravará aún más la creciente demanda de energía y recursos. El crecimiento económico se producirá a un ritmo del 1,5-3 % anual, lo que tendrá efectos agravantes en el agotamiento de las reservas de combustibles fósiles (Stephens, 2010).

FIGURA 6.2.
Modelo de consumo basado en una economía lineal.

Otra de las consecuencias del crecimiento actual es que se está agotando el *capital natural* del planeta, poniendo en peligro nuestra biodiversidad, contaminando la atmósfera y la capacidad de los océanos para absorber CO_2. Sin embargo, no se ha hecho mucho al respecto hasta que los gobiernos empezaron a dar a la protección del medio ambiente la importancia que le corresponde a la hora de elaborar las políticas nacionales. Desde las Naciones Unidas se han establecido los diecisiete Objetivos para el Desarrollo Sostenible (ONU, 2015), los cuales promueven industrias sostenibles que repercuten en la creación de nuevos productos, aumentando la competitividad en nuevos mercados y promoviendo un crecimiento económico sostenible con empleo de calidad sin dañar el medio ambiente.

La bioeconomía ha sido definida por la Comisión Europea (CE) como "la bioeconomía es la producción de recursos biológicos renovables y la conversión de estos recursos y flujos de residuos en productos de valor añadido, como alimentos, piensos, productos de base biológica y bioenergía". La bioeconomía reflejaría una economía sostenible y eficiente en el uso de los recursos que, en conjunto, promete proporcionar alimentos sanos y seguros, nuevos productos químicos de base biológica, biocombustibles, agricultura sostenible, conservación de la biodiversidad, reducción de los gases de efecto invernadero (GEI), fuentes de carbono renovables y nuevas oportunidades de negocio (Carus y Dammer, 2018). El desarrollo de la bioeconomía también requiere soluciones industriales circulares. Teniendo en cuenta que la bioeconomía es responsable de una gran cantidad de biorresiduos, las soluciones tecnológicas (biorrefinerías, esquemas en cascada) podrían contribuir a cerrar el bucle de la producción de la bioeconomía.

Por lo tanto, parece evidente que la bioeconomía está llamada a desempeñar un papel importante en la transición ecológica de Europa, facilitando y mitigando el paso de una economía basada en los combustibles fósiles a un crecimiento económico basado en los recursos naturales y renovables. Por ello, los aspectos de sostenibilidad se destacan en la renovada Estrategia de Bioeconomía de la UE y en el Pacto Verde Europeo. Sin embargo, con la entrada en vigor del Acuerdo de París, siguen planteándose nuevas cuestiones y retos relacionados con el cambio climático y la sostenibilidad. Aunque la biomasa es un recurso renovable, también es finito, y en la Estrategia Europea de bioeconomía, la producción y el consumo sostenible de la biomasa deben ser el objetivo más crucial. Además, la bioeconomía también podría verse afectada por el cambio climático, y la vulnerabilidad de las fuentes de biomasa también debería tenerse en cuenta a la hora de evaluar el potencial de biomasa en los distintos países.

Desde principios del siglo XXI (Figura 6.3 y Tabla 6.1) en la UE se reconoció la necesidad de conciliar el desarrollo económico con el impacto medioambiental, y poniéndose desde entonces en marcha diversas estrategias para preservar la calidad del medio ambiente. La Estrategia de Desarrollo Sostenible de 2001 fue uno de los primeros documentos en destacar el aspecto medioambiental como uno de los pilares, junto con las dimensiones económica y social. Desde entonces, se han publicado diversas estrategias y políticas. Así, en 2008 "Europe's climate change opportunity"; en 2010 "A strategy for Smart, Sustainable and Inclusive Growth"; y, en 2011 "A resource-efficient Europe-Flagship initiative under the Europe 2020 Strategy". Esta última declara la necesidad de un uso más eficiente de los recursos, minimizando la generación de residuos y optimizando los procesos de producción, tanto por el bien del medio ambiente como para ser más rentables y competitivos.

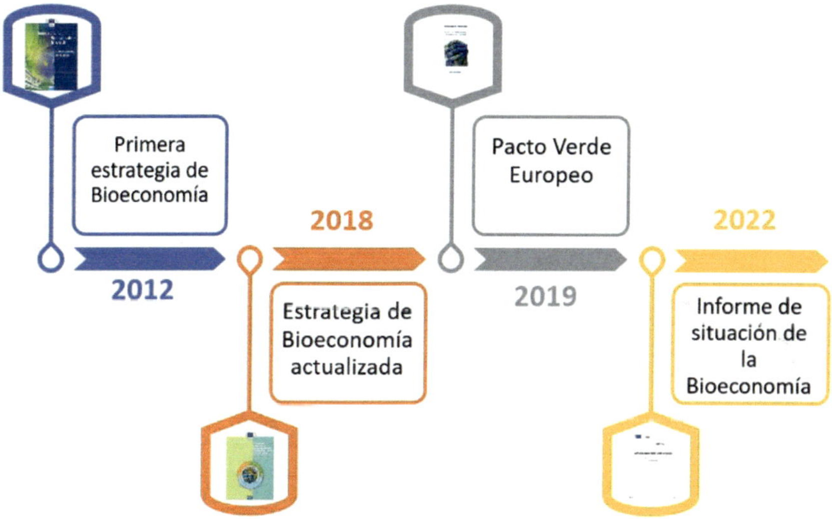

FIGURA 6.3.
Resumen de la evolución de la Estrategia Europea en Bioeconomía.

En 2012 se puso en marcha en la UE la Estrategia de Bioeconomía, que reconoce el vínculo directo entre la economía y el medio ambiente y aspira a una economía más limpia y renovable. Esta estrategia se centra en todas las actividades relacionadas con la extracción, la producción y el consumo de recursos biológicos, así como en los procesos utilizados y los principios aplicados para proporcionar los principales bienes y servicios en cada país en todos los sectores económicos. Cabe destacar que la Estrategia de Bioeconomía de la UE fue renovada en 2018, destacando los conceptos de una economía sostenible, circular y respetuosa con el clima como aspectos clave de la política medioambiental. Por lo tanto, la aplicación con éxito de la Estrategia de Bioeconomía podría mitigar el problema del cambio climático y contribuir a alcanzar los objetivos de sostenibilidad.

En 2014 y 2015, la Unión Europea (UE) presentó la estrategia de Economía Circular y el plan de acción conocido como "cerrar el ciclo". La economía circular refuerza la eficiencia de los recursos, mientras que la bioeconomía puede sustituir a los recursos fósiles. Así, la intersección de bioeconomía y economía circular puede considerarse como "bioeconomía circular" (Figura 6.4). La bioeconomía circular se ha definido como "el procesamiento sostenible y en cascada de residuos biológicos en productos de base biológica que pueden ser aprovechados/reutilizados/remanufacturados y reciclados, o liberados de forma segura a la biosfera a través de ciclos orgánicos y de nutrientes" (Carus y Dammer, 2018). La bioeconomía circular ayudará a promover y fortalecer el crecimiento económico actual mediante la reducción de la dependencia de los recursos

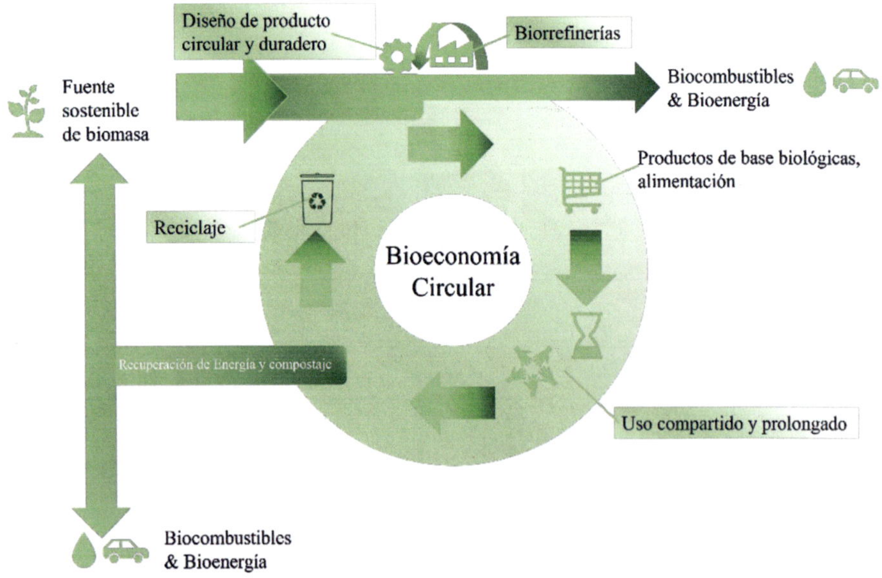

FIGURA 6.4.
Bioeconomía circular y los elementos que la forman.

fósiles, los impactos ambientales, la creación de nuevos negocios y oportunidades de empleo (Kalmykova et al., 2018). En algunos casos, los gobiernos están imponiendo precios más altos a las opciones de economía lineal, lo que facilita la reutilización y el reciclaje de materiales en lugar de su eliminación y alentando la innovación e inversión en el desarrollo de diseños de productos y servicios circulares. Los objetivos políticos de la bioeconomía circular deben abordar el desarrollo regional, la reducción de las emisiones de GEI, la contaminación y la presión sobre los alimentos de origen terrestre y marino (Phil y Winickoff, 2018).

En los últimos años, la política medioambiental de la UE se ha reorganizado y presentado en el formato del Pacto Verde Europeo (Figura 6.5), "European Green Deal", de 2019, que es un conjunto de iniciativas centradas, en particular, en una economía de la UE neutra en carbono o climáticamente neutra para 2050, tratando de ser respetuosa con el medio ambiente en diferentes sectores como la energía, la alimentación, la construcción y el transporte. El Pacto Verde Europeo también introduce estrategias sobre agricultura, biodiversidad, economía circular y renovación de edificios. Además, esta nueva y ambiciosa estrategia de crecimiento de la UE está vinculada y se solapa con otras políticas medioambientales

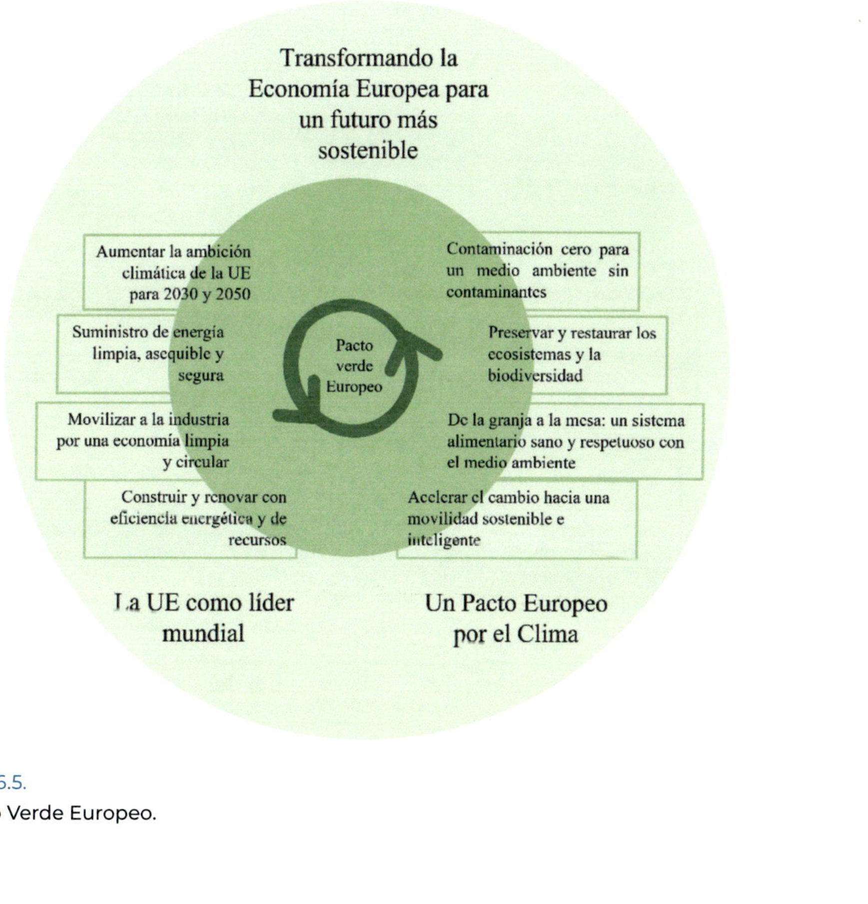

FIGURA 6.5.
El Pacto Verde Europeo.

como el cambio climático, así como la economía circular, e incluso abarca una parte significativa de los Objetivos de Desarrollo Sostenible. Teniendo en cuenta el papel y la contribución de la bioeconomía en el Pacto Verde Europeo, se ha prestado más atención a estrategias como la forestal de la UE, la gestión del suelo, las tierras agrícolas, la producción de alimentos y las inversiones verdes para el crecimiento de la bioeconomía.

Tabla 6.1.

Políticas Europeas referentes a la bioeconomía y economía circular.

Año	Política	Normativa/Comunicación
2001	Estrategia de Desarrollo Sostenible	Communication from the Commission. A Sustainable Europe for a Better World: A European Union Strategy for Sustainable Development (Commission's proposal to the Gothenburg European Council) COM/2001/0264 final
2008	20 20 en 2020	Communication from the Commission to the European Parliament, the Council, the European Economic and Social Committee and the Committee of the Regions - 20 20 by 2020 - Europe's climate change opportunity COM/2008/0030 final
2010	Estrategia para el crecimiento inteligente, sostenible e inclusivo	Communication from the Commission Europe 2020 A strategy for smart, sustainable and inclusive growth. COM/2010/2020 final
2011	Una Europa que utilice eficazmente los recursos - Iniciativa emblemática de la Estrategia Europa 2020	Communication from the Commission to the European Parliament, the council, the European Economic and Social Committee and the Committee of the Regions A resource-efficient Europe – Flagship initiative under the Europe 2020 Strategy COM (2011) 21
2012	Estrategia de Bioeconomía para Europa	European Commission: Directorate-General for Research and Innovation, Innovating for sustainable growth: A Bioeconomy for Europe. Publications Office; 2012. Available from: doi/10.2777/6462
2015	Economía Circular en Europa	European Commission. Communication from the Commission to the European Parliament, the Council, the European Economic and Social Committee and the Committee of the Regions. Closing the loop—An EU action plan for the Circular Economy. Brussels, Belgium, 12 February 2015
2018	Revisión de la Estrategia de Bioeconomía en Europa	European Commission: Directorate-General for Research and Innovation, A sustainable bioeconomy for Europe: strengthening the connection between economy, society and the environment: updated bioeconomy strategy. Publications Office; 2018. Available from: doi/10.2777/792130
2019	Pacto Verde Europeo	Communication from the Commission to the European Parliament, the European Council, the council, the European economic and social committee and the committee of the regions The European Green Deal. COM/2019/640 final

Finalmente, el desarrollo de la Estrategia de Bioeconomía en la UE está directamente relacionada con los sectores agrícola, forestal y de residuos. Así, el concepto de bioeconomía podría encontrarse en diversas políticas relacionadas con los sectores agrícola y forestal, por ejemplo, la Política Agrícola Común, la Estrategia sobre Bosques y Biodiversidad, la Estrategia "de la Granja a la Mesa", Farm to Fork (Figura 6.6), y en las directivas de economía circular sobre gestión de residuos. El creciente valor añadido de la bioeconomía de los Estados miembros de la UE también ha reiterado la necesidad de actualizar la aplicación del Pacto Verde Europeo en esta Estrategia. El Pacto Verde Europeo acelera la transición de la industria de la UE hacia un modelo de desarrollo integrador sostenible y respetuoso con el medio ambiente.

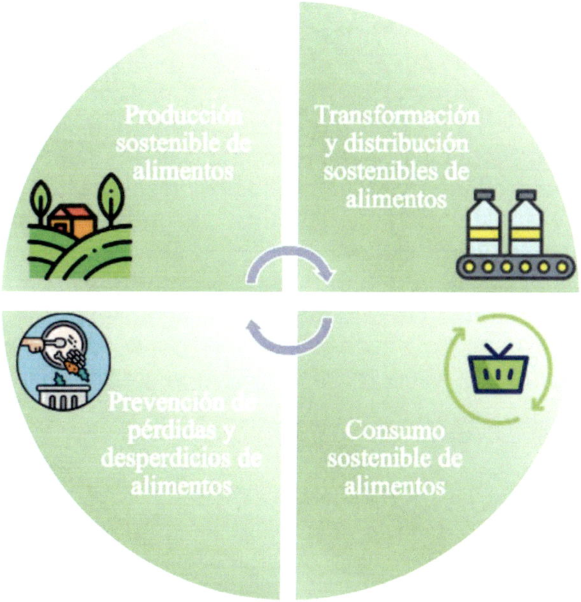

FIGURA 6.6.
Estrategia Europea de la Granja a la Mesa.

2. IMPACTO DE LA LEGISLACIÓN SOBRE EL DESARROLLO DE BIORREFINERÍAS

La bioeconomía circular es clave para construir un futuro sostenible y cumplir los ambiciosos objetivos del Pacto Verde Europeo. A la luz de la Estrategia de Bioeconomía de la UE, la Dirección General de Investigación e Innovación de la Comisión Europea encargó tres estudios para apoyar las políticas de investigación e innovación en materia de recursos y de base biológica.

Entre esos estudios, uno de ellos, el denominado "EU Biorefinery Outlook to 2030" (European Commission, 2021), apoya específicamente la acción de la *Estrategia de Bioeconomía de la UE* para facilitar el desarrollo y despliegue de nuevas biorrefinerías sostenibles y estimar el despliegue potencial de diferentes tipos de biorrefinerías. Dicho estudio se centra en las biorrefinerías impulsadas por productos químicos y materiales que incluyen la producción de bioproductos innovadores de alto valor, pero que también podrían coproducir alimentos y piensos, así como bioenergía. Se espera que las biorrefinerías que producen productos químicos y materiales de base biológica sean una parte importante de la economía circular de base biológica, así como de la transición de la UE hacia una economía climáticamente neutra. El despliegue de las biorrefinerías que utilicen biomasa nacional de la UE puede aumentar la seguridad del suministro de materias primas, sustituyendo materiales y productos de origen fósil y sus respectivas emisiones, y crear puestos de trabajo y oportunidades empresariales, especialmente en las zonas rurales.

Se han identificado más de 400 biorrefinerías impulsadas por productos químicos y materiales a escala comercial o de demostración en la UE (Figura 6.7) y en otros 10 países (Figura 6.8). Aproximadamente 300 de ellas se encuentran en la UE. De las biorrefinerías operativas impulsadas por productos químicos y materiales, la plataforma de azúcar y almidón C6 y la plataforma oleoquímica, que utilizan materias primas de cultivos alimentarios y forrajeros (es decir, cultivos de aceite o almidón) representan el 56 % del número total de biorrefinerías operativas.

Las biorrefinerías basadas en madera lignocelulósica y silvicultura representan casi el 20 % de las biorrefinerías operativas. Esta es la vía con más biorrefinerías que utilizan materias primas secundarias (por ejemplo,

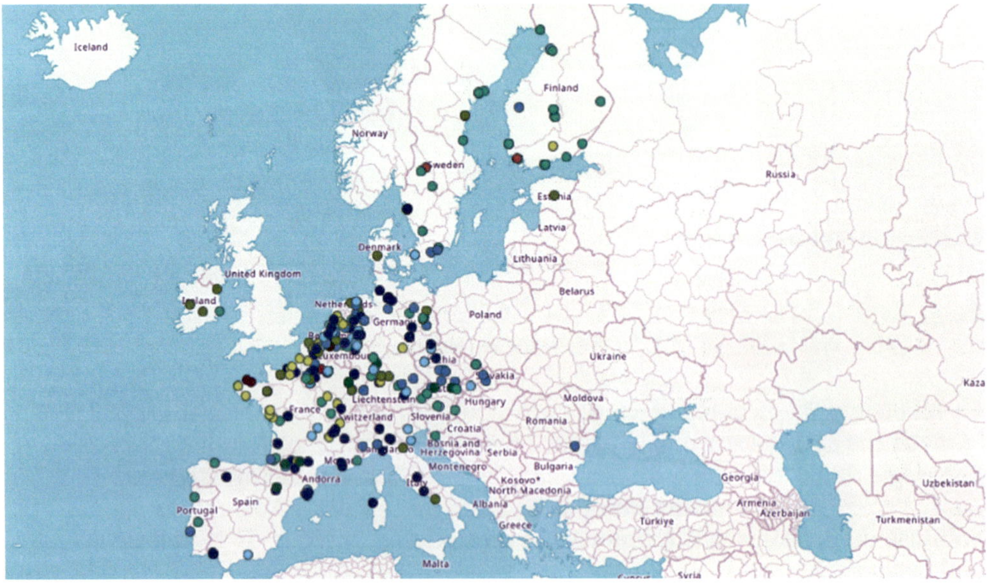

FIGURA 6.7.
Biorrefinerías en la UE (Baldoni *et al.*, 2021).

FIGURA 6.8.
Biorrefinerías en terceros países (Baldoni *et al.*, 2021).

residuos de la silvicultura y de las industrias forestales). Las biorrefinerías restantes son las basadas en azúcares C5, azúcares C6 y lignina y las basadas en fibras naturales y aceite, que representan alrededor del 10 % cada una.

Las fuerzas tractoras y barreras más destacadas para el desarrollo de las biorrefinerías se recogen en la Figura 6.9, siendo todas aquellas relacionadas con los beneficios del medioambiente las principales fuerzas tractoras mientras que las barreras están relacionadas con las cuestiones económicas de la implementación de las biorrefinerías.

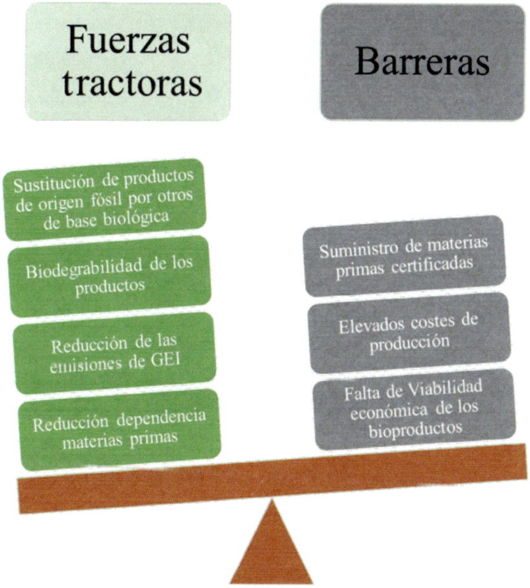

FIGURA 6.9.
Fuerzas tractoras y barreras encontradas para el desarrollo de las biorrefinerías en Europa.

En la actualidad, el apoyo de las políticas europeas es muy limitado, aunque se prevé que aparezca una serie de normativas que puedan servir de incentivo al desarrollo de las biorrefinerías que van más allá de los aspectos energéticos a una amplia gama de productos y a la utilización del método de la huella ambiental de los productos. De todas formas, se espera que sea necesario un mayor apoyo político para superar las barreras a los productos químicos y materiales de origen biológico. Para ello, deben aplicarse políticas que apoyen los productos químicos y materiales que aporten beneficios medioambientales, como la reducción de los GEI, requisitos en la contratación pública, prohibiciones y objetivos de reducción del uso de productos fósiles y no reciclados, así como impuestos sobre algunos productos fósiles.

Una de las barreras que se encuentran los bioproductos obtenidos desde una biorrefinería es demostrar sus beneficios medioambientales o climáticos, por ejemplo, los polímeros de origen fósil están sujetos a exigencias menos estrictas en materia de LCA (Nova Institute, 2019) y sostenibilidad que los polímeros de origen biológico. También, los procesos de base biológica suelen ser nuevos y estar en fase de desarrollo, a diferencia de las cadenas de valor bien establecidas para los productos fósiles, pero deben demostrar que son sostenibles desde el primer día.

En la actualidad no existe una legislación comunitaria específica que marque el desarrollo de las biorrefinerías en Europa, pero sí existen políticas y normativas que se consideran muy relevantes para el desarrollo de biorrefinerías y el potencial de mercado de los productos químicos y materiales de origen biológico. Estas políticas y/o normativas se relacionan en la Tabla 6.2.

Mientras que algunas de estas políticas pueden tener mayor o menor influencia sobre el desarrollo e implantación de las biorrefinerías, se espera que el conjunto de políticas que se desarrollarán en el Pacto Verde Europeo afecte en el desarrollo de las biorrefinerías de varias maneras:

- Redución de las emisiones de CO_2 a través de una Ley del Clima (European Parliament, 2021a).
- Mecanismo de Ajuste de las Emisiones de Carbono en la Frontera (CBAM). Esto significaría que los socios comerciales de fuera de la UE que sean menos estrictos en materia de emisiones pagarían un impuesto sobre el carbono cuando introduzcan productos en el mercado de la UE.
- Financiación de las biorrefinerías través del Fondo de Transición Justa (European Parliament, 2021b) dotado con 100.000 millones de euros.
- Plan de Acción de Economía Circular (Figura 6.10) que la UE considera el núcleo del Pacto Verde de la UE.
- La Estrategia del Hidrógeno, la opción más compatible con el objetivo de neutralidad climática de la UE.
- La Estrategia de la UE para Reducir las Emisiones de Metano se centra en abordar las emisiones antropogénicas de metano.

TABLA 6.2.
Políticas y normativas relevantes para el desarrollo de biorrefinerías.

1. El Pacto Verde Europeo.
2. Paquete de Economía Circular (CEP).
3. Directiva sobre energías renovables II (RED II).
4. Directiva marco sobre residuos (WFD).
5. Registro, Evaluación, Autorización y Restricción de Sustancias Químicas (REACH).
6. Política Agrícola Común (PAC).
7. Reglamento (CEE) n.º 2658/87 del Consejo (Arancel Aduanero Común - CCT).
8. Directiva sobre organismos modificados genéticamente (2001/18/EC GMO).
9. Régimen Comunitario de Comercio de Derechos de Emisión (EU ETS).
10. Directiva sobre eficiencia energética (EED) y Directiva sobre la eficiencia energética de los edificios (EPBD).
11. Uso de la tierra y cambio de uso de la tierra (LULUCF).
12. Taxonomía de las finanzas sostenibles.
13. Deforestación y degradación forestal.

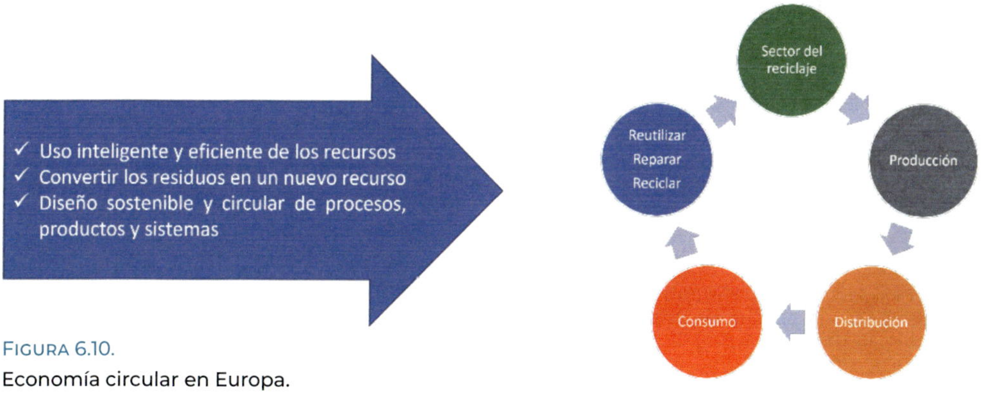

FIGURA 6.10.
Economía circular en Europa.

También se espera el Mecanismo de Recuperación y Resiliencia de la UE acordado en 2020, que proporciona un importante apoyo financiero (672.500 millones de euros) en forma de préstamos y subvenciones a los Estados miembros de la UE.

Los efectos del resto de las políticas y normativas sobre el desarrollo de las biorrefinerías están recogidos en la Tabla 6.3:

Tabla 6.3.

Motores y barreras para el desarrollo de las biorrefinerías desde el punto de vista de las normativas y políticas europeas.

Normativa/Política	Motor	Barrera
Paquete de Economía Circular (CEP).	1. El objetivo de reciclar los envases de madera, 2. La obligación de recoger los biorresiduos por separado. 3. Objetivos de reducción de residuos alimentarios.	1. El valor de los productos biodegradables no encaja bien con el objetivo de preservar el valor durante el mayor tiempo posible.
Directiva sobre energías renovables II (RED II).	1. La bioenergía producida por biorrefinerías está apoyada. 2. Criterios de sostenibilidad, es decir, más biomasa disponible.	1. Mayor demanda y precios más altos de la biomasa. 2. No hay igualdad de condiciones para los bioquímicos y biomateriales con la bioenergía y los biocombustibles. 3. Incentivos adicionales para determinados tipos de biomasa de bajo ILUC.
Directiva marco sobre residuos (WFD).	1. Los objetivos de reducción de residuos benefician a los productos biodegradables. 2. Permitir la recogida de materiales biodegradables y compostables con biorresiduos. 3. Obligación de establecer una recogida selectiva de biorresiduos.	1. Clasificación no uniforme de los materiales como desechos, residuos o coproductos. 2. La utilización de residuos para productos químicos requiere una labor reguladora.
Registro, Evaluación, Autorización y Restricción de Sustancias Químicas (REACH).	1. Marco estable, registro único para toda la UE. 2. La igualdad de condiciones con las sustancias beneficia a los productores de la UE, ya que los productos no seguros están prohibidos en la UE. 3. Cierto apoyo a las PYME.	1. Procedimiento difícil y costoso de admisión de nuevos productos químicos. 2. Falta de conocimientos por parte de las PYME.
Política Agrícola Común (PAC).	1. Disponibilidad de cultivos y residuos para biorrefinería.	1. Costes elevados de las materias primas biológicas.
Arancel Aduanero Común – CCT. (Reglamento (CEE) n.º 2658/87 del Consejo).	1. Protección de los productos frente a los precios del mercado mundial.	1. Desventaja global de precios. 2. Desventaja competitiva frente a petroquímica. 3. Incertidumbre para las inversiones a largo plazo.
Directiva sobre organismos modificados genéticamente (GMO) (2001/18/EC GMO).	No identificadas.	1. Etiquetado obligatorio de los productos con OMG. 2. Procedimiento de aprobación lento y costoso.

Régimen Comunitario de Comercio de Derechos de Emisión (EU ETS).	No identificadas.	1. Los procesos Captura y Utilización de Carbono no son elegibles para créditos ETS.
Directiva sobre eficiencia energética (EED) y directiva sobre la eficiencia energética de los edificios (EPBD).	No identificadas.	1. Falta general de regulación y normalización justas para las nuevas opciones de base biológica.
Uso de la tierra y cambio de uso de la tierra (LULUCF).	1. El despliegue de las biorrefinerías podría haber un efecto sobre los precios de las materias primas para las biorrefinerías basadas en madera y/o cultivos.	1. El papel de los bosques como sumideros de carbono podría dar lugar a más bosques en la UE y, en consecuencia, a más materia prima para las biorrefinerías.
Taxonomía de las finanzas sostenibles.	1. No es posible determinar en este momento si todos los productos de las biorrefinerías podrían cumplir los requisitos, dado el amplio espectro de productos de base biológica.	1. Las biorrefinerías se beneficiarían si está claro que pueden cumplir los criterios técnicos de selección. Este podría ser el caso de la producción de bioplásticos y de otros bioproductos.
Deforestación y degradación forestal.	No identificadas.	1. Un paso más hacia la igualdad de condiciones con las biorrefinerías de fuera de la UE.

Como se ha mostrado, aunque no hay una legislación, normativa o política exclusiva sobre las biorrefinerías, sí existe un cuerpo normativo amplio que afectará, en unos casos de forma positiva y en otros de forma negativa, a la implantación de las biorrefinerías. Para ampliar este punto, los responsables políticos deberían considerar las siguientes implicaciones políticas:

- Dar prioridad a la estabilidad política.
- Mejorar las normas reguladoras.
- Invertir en investigación e innovación.
- Fomento de la colaboración público-privada.
- Facilitar el acceso a la financiación.

Además de las normativas, otro instrumento muy necesario para el desarrollo de las biorrefinerías son las subvenciones. Existen muchas subvenciones para impulsar el desarrollo de las biorrefinerías a escala europea. Uno de los programas de la UE más conocido y utilizado es, además del programa Horizonte 2020 y el programa Horizonte Europa, el programa BBI-JU (Bio-based Industries Joint Undertaking). Se trata de una cooperación público-privada entre la UE y un consorcio de industrias de base biológica, que proporciona financiación para investigación, desarrollo y demostración. De particular interés son los proyectos emblemáticos de la BBI-JU (BBI-JU, 2024). Se trata de acciones de innovación en las que se presta apoyo financiero a proyectos de demostración a mayor escala, en muchos casos biorrefinerías innovadoras. En la convocatoria de 2023, las entidades españolas consiguieron aproximadamente el 10 % de los proyectos financiados.

FIGURA 6.11.

Proyectos financiados bajo el programa BBI-JU en España. https://www.cbe.europa.eu/projects. Consultado el 14/11/2024.

Las estimaciones muestran que, solo en términos de inversión de la UE en investigación e innovación en bioeconomía, cada euro que se invierta en el marco del programa de investigación e innovación Horizonte 2020 propuesto, podría generar diez euros de valor añadido en los diferentes sectores de la bioeconomía de aquí a 2025. Se calculaba que la financiación directa de la investigación asociada a la Estrategia de bioeconomía en el marco de Horizonte 2020 podría generar unos 130.000 puestos de trabajo y 45.000 millones de euros de valor añadido en los sectores de la bioeconomía de 2012 a 2025.

3. ESTRATEGIAS ESPAÑOLAS EN BIOECONOMÍA Y SOSTENIBILIDAD

La biomasa es particularmente importante en España, quinto productor de biomasa agrícola en la UE, predominando la producción de cultivos permanentes como son los olivos. El sistema agrícola intensivo existente genera grandes cantidades de residuos de cultivos, que muchos agricultores no pueden gestionar adecuadamente, pero también representa una oportunidad al considerar su uso como materia prima secundaria para la fabricación de productos de alto valor añadido. En términos de sostenibilidad, uno de los principales desafíos al que se enfrenta la agricultura intensiva es la gestión (reducción y valorización) de los residuos agrícolas producidos en las explotaciones. Sin embargo, la estacionalidad de los residuos agrícolas no es el único factor que limita su gestión adecuada; la mezcla de residuos vegetales con otros tipos de residuos no orgánicos es uno de sus principales problemas.

La preocupación institucional en España por la sostenibilidad ambiental y el impacto del cambio climático no es, desde luego, ninguna novedad. España ha participado en todos los tratados y acuerdos mundiales y europeos de protección del medio ambiente. De hecho, España concretó su estrategia de bioeconomía en 2016 (MINECO, 2015). Esta estrategia tiene el objetivo de fomentar la producción y el uso sostenible de recursos biológicos para promover la economía circular, generar empleo y abordar desafíos globales como la seguridad alimentaria, el cambio climático y la sostenibilidad. Esta se articula estrechamente con la Estrategia Europea de bioeconomía y otras políticas comunitarias clave, además de coincidir las áreas prioritarias de la estrategia española, como la agricultura sostenible, la innovación en la industria alimentaria y la valorización de residuos, con las europeas.

La bioeconomía española abarca sectores tan diversos como:

- El agroalimentario: contribuye significativamente al PIB nacional, y supone el primer sector industrial en volumen de facturación y un importante generador de empleo.
- Biotecnología no sanitaria: incluye más de 2.800 empresas dedicadas a actividades de I+D en áreas como la alimentación, la agricultura y el medio ambiente.
- Bioenergía y bioproductos: con más de 170 empresas involucradas en la generación de energía renovable y productos innovadores como bioplásticos y biocombustibles.

Según los datos del Joint Research Center el sector de la bioeconomía generaba en España en 2020 un volumen de negocio de 229.873 millones de euros (10 % del total de la UE-27), 68.510 millones de euros de valor añadido (10 % del total de la UE-27) y 1,41 millones de empleos (8 % del total de la UE-27).

En el desarrollo de la Estrategia de bioeconomía de España se plantearon unos objetivos principales:

1. Fomentar la competitividad y la internacionalización de las empresas relacionadas con recursos biológicos.
2. Generar empleo y nuevas actividades económicas basadas en la innovación.
3. Incorporar la sostenibilidad como principio central, especialmente en un país como España, con limitaciones de agua y tierras agrícolas.

Y para cumplirlos, estos objetivos se sustentan en cuatro *pilares* principales (Figura 6.12):

FIGURA 6.12.
Pilares en los que sustenta la bioeconomía en España.

Posteriormente, en 2020 se lanzó la Estrategia Española de Economía Circular, denominada España Circular 2030 (MITECO, 2020), que incorpora unas líneas específicas dedicadas a la bioeconomía circular. La Estrategia Española de Economía Circular aborda los desafíos actuales con el objetivo fundamental de establecer un nuevo modelo de producción y consumo. ¿Qué significa esto? En esencia, busca que los productos, materiales y recursos se mantengan en la economía el mayor tiempo posible. Esto implica reducir al mínimo la generación de residuos y maximizar el aprovechamiento de aquellos que no se pueden evitar. Con esta iniciativa, España se suma a los esfuerzos globales para construir una economía más sostenible, que reduzca las emisiones de carbono, use los recursos de manera eficiente y sea competitiva en el mercado.

Además, la presente estrategia se enmarca en los principales acuerdos internacionales para la sostenibilidad, como el Acuerdo de París y la Agenda 2030. Asimismo, se alinea con las iniciativas de la UE, en particular con el Pacto Verde Europeo. Su implementación representa un compromiso firme con la transición hacia una economía baja en carbono y resiliente, contribuyendo a los objetivos globales de desarrollo sostenible. Se marcan una serie de objetivos cuantitativos para que se alcancen en 2030 (Figura 6.13):

- Reducir la generación residuos de alimentos.
- Eficiencia en el uso del agua.
- Reducir la emisión de GEI.
- Incrementar la reutilización.

FIGURA 6.13.
Objetivos Estrategia 2030.

- Reducción de materiales.
- Reducir la generación de residuos.

Dicha estrategia ha identificado algunos sectores productivos como prioritarios sobre los que actuará como son la construcción; el sector agroalimentario, pesquero y forestal; industrial; bienes de consumo; turismo; textil y confección. Sobre ellos se hará una planificación y seguimiento especial del cumplimiento de los objetivos marcados en la Estrategia 2030.

El desarrollo de la bioeconomía y de la economía circular recae tanto en la Administración, las empresas y los ciudadanos. En general, las empresas reconocen tener una posición visible en la situación medioambiental, tanto por su modelo de producción y diseño de procesos como por sus prácticas, aunque han reconocido que aún se encuentran en una fase embrionaria de diseño de mecanismos selectivos tanto para la selección de proveedores como para la captación de inversores comprometidos con el modelo bioeconómico, pero todos lo perciben como un elemento clave para el cambio.

A nivel autonómico hay cuatro comunidades autónomas que tienen algún plan específico relativo a la bioeconomía. En particular, Andalucía ("Estrategia Andaluza de bioeconomía Circular", publicada en 2018), Castilla y León ("Plan de Impulso a la bioeconomía agroalimentaria para un entorno rural competitivo y sostenible en Castilla y León" y "Estrategia de Economía circular" publicada en 2021), Cataluña ("Estrategia de la bioeconomía de Cataluña 2030" publicada en 2021), País Vasco ("Plan de Economía Circular y bioeconomía 2024", publicado en 2021).

4. PROYECTOS DESTACADOS EN ESPAÑA

La información referente a las biorrefinerías en España aquí presentada hace referencia a los datos recogidos por la base de datos mundial de IAE Bioenergy (Fuente: https://www.ieabioenergy.com/installations/) de instalaciones de conversión de biomasa, incluidas plantas de biocombustibles avanzados, combustión, gasificación y pirólisis. Este informe incluye 1.312 biorrefinerías en funcionamiento en el mundo, de las cuales 637 están instaladas en los Estados Unidos. En Europa, los países con una mayor implantación de biorrefinerías son Francia (100), Alemania (78), Países Bajos (56), Finlandia (44), Suecia (42). En España se indica que hay 21 biorrefinerías en funcionamiento estando al nivel de otros países como Australia, Bélgica, Brasil, Canadá o Italia.

De las biorrefinerías analizadas algunas de ellas no aportan información acerca de la producción o qué tipo de materia prima utilizan. Estas biorrefinerías se describen brevemente a continuación.

1. BP

Estado de la técnica: Planta comercial
Tipo de biorrefinería: Biorrefinería hidrotermal
Localización: Castellón, España
Propietario: BP
Materias primas: cultivos oleaginosos, aceites y grasas, materias primas sostenibles a base de residuos
Procesos de transformación: hidrotratamiento
Productos: producto principal SAF (Sustainaible Aviation Fuels)
Descripción: La refinería adquiere materias primas sostenibles a partir de residuos y las procesa (junto con el combustible fósil) mediante la tecnología Ecofining de Honeywell, produciendo combustible sintético de baja huella en carbono. El SAF genera un % menos de emisiones de carbono a lo largo de su ciclo de vida que el combustible de aviación convencional. El SAF se suministra localmente desde la refinería de Castellón de BP en toda la red de Air BP en España. BP Castellón se ha convertido en la primera refinería del mundo en recibir la certificación CORSIA (Plan de Compensación y Reducción de Carbono para la Aviación Internacional) mediante los procedimientos International Sustainability and Carbon Certification (ISCC) PLUS. El coprocesamiento es un paso clave para sustituir el combustible fósil por materias primas renovables en las refinerías y ayudar a avanzar en la descarbonización del transporte, incluida la aviación.

2. Refinería de Cepsa

Estado de la técnica: Planta comercial
Tipo de biorrefinería: Biorrefinería hidrotermal
Localización: San Roque (Cádiz), España
Propietario: Moeve (Cepsa Bioenergía)
Materias primas: residuos orgánicos
Procesos de transformación: hidrotratamiento
Productos: Diesel renovable (HVO), 50.000 t/año
Descripción: no disponible

3. Refinería Cepsa

Estado de la técnica: Planta comercial
Tipo de biorrefinería: Biorrefinería de producción de biodiesel
Localización: San Roque (Cádiz), España
Propietario: Cepsa Bioenergía.
Materias primas: Aceites vegetales crudo de soja, colza y palma
Procesos de transformación: Transesterificación de triglicéridos
Productos: biodiesel 200.000 t/año; como producto secundario se obtiene glicerina cruda (24.000 t/a) y como subproductos gomas y ácidos grasos
Descripción: no disponible

4. 2G Biofuels plant

Estado de la técnica: Planta en construcción
Tipo de biorrefinería: Biorrefinería hidrotermal
Localización: Huelva
Propietario: Cepsa y Bio-Oil
Materias primas: Residuos orgánicos
Procesos de transformación: Hidrotratamiento
Productos: SAF 500.000 t/año; como producto secundario diésel renovable (HVO)
Descripción: En abril de 2023 se anunció la construcción, junto con Bio-Oils, de la mayor planta de biocombustibles de 2G del sur de Europa en el Parque Energético de La Rábida. En febrero de 2024 se inició su construcción, y su puesta en marcha se estima en 2026 que permitirá duplicar la actual capacidad de producción de biocombustibles de segunda generación de Cepsa y Bio-Oils, alcanzando el millón de toneladas.

5. Planta de Cepsa

Estado de la técnica: Planta operacional
Tipo de biorrefinería: Biorrefinería hidrotermal
Localización: La Rábida (Huelva)
Propietario: Cepsa La Rábida Research
Materias primas: Otros (no informa)
Procesos de transformación: Hidrotratamiento
Productos: 50.000 t/año de diésel renovable (HVO)
Descripción: No disponible

6. Ecoplanta Molecular Recycling Solutions

Estado de la técnica: Planta en construcción
Tipo de biorrefinería: Biorrefinería Gasificación
Localización: El Morell (Tarragona)
Propietario: Enerkem SA (Agbar), Repsol
Materias primas: residuos de bosque y residuos no reciclables (375.000 t/año)
Procesos de transformación: Gasificación
Productos: 265.000 t/año de metanol
Descripción: La planta utilizará la tecnología de gasificación patentada de Enerkem para transformar los RSU en productos de alto valor añadido, como el metanol. Esta tecnología patentada es la primera que se prueba a escala industrial, tras un riguroso proceso de escalado desde el piloto a la demostración y a la escala comercial que tuvo lugar durante más de una década en Canadá. La planta, la primera de este tipo en la península ibérica, será cogestionada por Repsol y Agbar, mientras que Enerkem será el socio tecnológico clave. Se prevé que la planta entre en funcionamiento en 2026.

7. Hunosa

Estado de la técnica: Planta en operación
Tipo de biorrefinería: Biorrefinería Bioenergía
Localización: La Pereda
Propietario: Hunosa
Materias primas: Biomasa y mezcla de biomasa y carbón
Procesos de transformación: Lecho fluidizado circulante
Productos: Electricidad y calor (50 MWth)
Descripción: Transformación de una central térmica de carbón a una en la que el 90 % de la materia prima será biomasa forestal autóctona.
https://www.hunosa.es/2024/04/05/la-transformacion-de-la-pereda-a-una-central-de-biomasa-un-proyecto-estrategico-para-las-cuencas-con-todas-las-garantias-medioambientales/

8. Co-procesado Puertollano

Estado de la técnica: Planta en construcción (en producción en 2025)
Tipo de biorrefinería: Biorrefinería Hidrotratamiento
Localización: Puertollano
Propietario: Repsol
Materias primas: cultivos oleaginosos, aceites y grasas
Procesos de transformación: Reequipamiento de la unidad existente en su complejo industrial
Productos: 240.000 t/año de diésel renovable (HVO)
Descripción: Producción de 7.000 t de biojet coprocesado producido en España en julio de 2020

9. Planta de biocarburantes avanzados en Cartagena

Estado de la técnica: Planta en operación
Tipo de biorrefinería: Biorrefinería Hidrotratamiento
Localización: Puertollano
Propietario: Repsol
Materias primas: Aceite usado (300.000 t/año)
Procesos de transformación: Hidrotratamiento
Productos: 250.000 t/año de diésel renovable (HVO); SAF y nafta renovable
Descripción: Repsol construyó en su refinería de Cartagena la primera planta de biocarburantes avanzados de bajas emisiones de España. La planta tiene una capacidad de producción anual de 250.000 toneladas de hidrobiodiesel, biojet, bionafta y biopropano. La planta entró en operación en 2023, y produce biocombustibles avanzados a partir de materias primas recicladas para su uso en aviones, camiones o automóviles. Los nuevos biocombustibles avanzados permitirán reducir las emisiones de CO_2 en 900.000 t/año. Repsol ha seleccionado la tecnología Axens Vegan® debido a la experiencia de Axens en Aceites Vegetales Hidrotratados (HVO) y su compromiso para impulsar la sostenibilidad en el transporte. La tecnología Vegan® es capaz de hidrotratar una amplia gama de lípidos y producir diésel renovable de baja densidad y alto cetano, así como combustible renovable para aviones sin azufre.

10. Proyecto NUMANTIA

Estado de la técnica: Planta demostración
Tipo de biorrefinería:
Localización: Soria
Propietario: Solarig
Materias primas: Residuos agrícolas (biometano y CO_2 de origen biológico) y energía renovable (eólica, solar e hidroeléctrica)
Procesos de transformación: E-Fuels Biomass Hybrids
Productos: 60.000 t/año de SAF y nafta renovable
Descripción: La planta de SAF tendrá una inversión estimada de 780 millones de euros y una capacidad de producción de 60.000 toneladas de SAF al año, evitando la emisión de 170.000 toneladas de CO_2. El enfoque innovador se basa en la combinación de dos rutas tecnológicas para la producción de SAF, mediante biometano y electricidad renovable en la misma instalación. La planta fomentará la circularidad y el aprovechamiento de los recursos locales (sol, viento, agua) y los residuos agrícolas (biometano y CO_2 biogénico), mejorando el desarrollo rural y la competitividad.

11. CIRCULAR BIOCARBON

Estado de la técnica: Planta en operación (2024)
Tipo de biorrefinería: No informa
Localización: Zaragoza
Propietario: Consorcio de 11 entidades coordinado por URBASER
Materias primas: Residuos Sólidos Urbanos y lodos de depuradora
Procesos de transformación: No informa
Productos: Biopolímeros, biofertilizantes, dispositivos verdes a base degrafeno
Descripción: La biorrefinería CIRCULAR BIOCARBON irá más allá de los procesos tradicionales de tratamiento de residuos para convertir los biorresiduos producidos en la ciudad en valiosas fuentes de productos plataforma y productos intermedios. El objetivo es obtener productos finales de alto valor añadido basados en materiales biológicos ecológicos, materias primas locales sostenibles y procesos de producción circulares.

A parte de estas instalaciones, en operación o construcción, existen otras instalaciones en fase de planta piloto o demostración. En su mayoría se encuentran promovidas o financiadas por fondos europeos o autonómicos, como es el caso de CLaMber (Castilla-La Mancha Bio-Economy Region) una instalación pública dedicada a la investigación científica, a la realización de experimentos de escalado y al desarrollo de nuevos bioprocesos y bioproductos a partir de biomasa húmeda fermentable o lignocelulósica (tanto residual como cultivada). Otro caso es el proyecto URBIOFIN, proyecto coordinado por PERSEO Biotechnology, cuyo objetivo es demostrar a escala semiindustrial la viabilidad tecnológica, económica y medioambiental de una biorrefinería para la transformación de la fracción sólida de los residuos urbanos en nuevos bioproductos comercializables, componentes químicos (por ejemplo, bioetanol, ácidos grasos volátiles y biogás), biopolímeros (polihidroalcanoato y biocomposites) y aditivos (como bioetileno y microalgas hidrolizadas para biofertilizantes) (Ruiz Guevara, P., 2022)

A nivel nacional, cabe destacar el Centro de Biorrefinería y Bioenergía (BIO2C), ubicado en Navarra, dependiente del CENER (Centro Nacional de Energías Renovables de España), una instalación de pruebas a escala piloto semiindustrial capaz de desarrollar procesos de producción de bioproductos, biocombustibles sólidos, biocombustibles líquidos o gaseosos avanzados, así como conceptos de biorrefinería que integren diferentes rutas de valorización, como paso intermedio entre el laboratorio y el escalado industrial de estas tecnologías. El centro constituye una plataforma integrada de ensayo y demostración diseñada para desarrollar procesos, equipos y componentes específicos, nuevos bioproductos o biocombustibles y conceptos de biorrefinería.

CONCLUSIONES

1. El desarrollo de las biorrefinerías depende de forma crítica del apoyo de políticas públicas estables que ayuden a superar las barreras económicas y tecnológicas iniciales.
2. La bioeconomía y la economía circular son pilares clave de la estrategia europea para avanzar hacia un modelo productivo sostenible y climáticamente neutro.
3. Aunque no existe una legislación específica para biorrefinerías en la UE, el amplio marco normativo actual influye de manera decisiva en su viabilidad y despliegue.
4. El principal freno al desarrollo de las biorrefinerías sigue siendo económico, frente a unos beneficios medioambientales ampliamente reconocidos.
5. España presenta un elevado potencial para la bioeconomía gracias a la disponibilidad de biomasa residual y a la alineación de sus estrategias con las políticas europeas.
6. Los proyectos de biorrefinería en España muestran una clara orientación hacia la valorización de residuos y la producción de biocombustibles y bioproductos de alto valor añadido.

BIBLIOGRAFÍA

Bacovsky D., Ludwiczek N., Ognissanto M. y Wörgetter M. (2013): "Status of advanced biofuels demonstration facilities in 2012". *IEA Bioenergy Task 39 Report.* Disponible en: http://task39.ieabioenergy.com/2013/12/report-on-thestatus-of-advanced-biofuels-demonstration-facilities-in-2012/. Consultado el 08/11/2024

Baldoni E., Reumerman P., Parisi C., Platt R., González Hermoso H., Vikla K., Vos J. y M'Barek R. (2021): "Chemical and material biorefineries in the EU. European Commission". *Joint Research Centre (JRC).* http://data.europa.eu/89h/24e98d11-ef06-4233-8f69-1e123938e891. Consultado el 13 de noviembre de 2024)

Carus M. y Dammer L. (2018): "The "circular bioeconomy" – concepts, opportunities and limitations". *Industrial Biotechnology,* 14, 83–91

Costanza, R. y Daly H.E. (1992) "Natural Capital and Sustainable Development". *Conservation Biology,* 6,37–46

Ellen MacArthur Foundation (2013): *Towards the circular economy.* Vol. 1: an economic and business rationale for an accelerated transition.

European Commission (2021): Directorate-General for Research and Innovation. "EU biorefinery outlook to 2030 – Studies on support to research and innovation policy in the area of bio-based products and services". Publications Office.

European Commission: https://ec.europa.eu/info/law/better-regulation/have-your-say/initiatives/12567-Iniciativa-sobre-productos-sostenibles_es. Consultado el 13/11/2024

European Parliament, (2021a): Regulation (EU) 2021/1119 of the European Parliament and of the Council of 30 June 2021 establishing the framework for achieving climate neutrality.

European Parliament (2021b): Regulation (EU) 2021/1056 of the European Parliament and of the Council of 24 June 2021 establishing the Just Transition Fund

Kalmykova Y., Sadagopan M. y Rosado L. (2018):. "Circular economy–from review of theories and practices to development of implementation tools". *Resources, Conservation and Recycling,* 135, 190–201

MINECO (2015): "Estrategia española de bioeconomía. Horizonte 2030". *Ministerio de Economía y Competitividad.* Madrid, España.

MITECO (2020): "España Circular 2030. Estrategia española de economía circular". *Ministerio para la Transición Ecológica y Reto Demográfico.* Madrid, España.

Negro S.O., Alkemade F. y Hekkert M.P. (2012): "Why does Renewable energy diffuse so slowly? A review of innovation system problems". *Renewable and Sustainable Energy Reviews,* 16, 3836–3846

Nova Institute (2019): https://www.european-bioplastics.org/nova-institute-published-open-letter-to-jrc-on-comparability-of-bio-based-and-petrochemical-polymers. Consultado el 13 de noviembre de 2024

ONU. (1987): "Informe Brundland". Nueva York, USA

ONU (2015): "Sustainable Development Goals". Nueva York, USA.

https://www.un.org/sustainabledevelopment/sustainable-development-goals/. Consultado 9/2024

Ragauskas A.J., Williams C.K., Davison B.H., Britovsek G., Cairney J y Eckert C.A. (2006): "The path forward for biofuels and biomaterials". *Science,* 311, 484–489

Ruiz Guevara, P. (2022): "Biorrefinerías para apostar por un futuro circular sin residuos". *RETEMA*, 2421, 108-113.

Stephens E., Ross I.L., Mussgnug J.H., Wagner L.D., Borowitzka M.A., Posten, C., Kruse O. y Hankamer B. (2010): "Future prospects of microalgal biofuel production systems". *Trends in Plant Science,* 15, 554–564

Voytenko Palgan, Y. y McCormick, K. (2016): "Biorefineries in Sweden: Perspectives on the opportunities, challenges and future". *Biofuels, Bioproducts and Biorefining,* 10, 523–533

RESUMEN

El capítulo 7 explora el panorama de las biorrefinerías a nivel internacional y en España, Andalucía y Jaén, destacando casos de éxito como GFBiochemicals (Italia), UPM Biofuels (Finlandia) y Raízen (Brasil), que utilizan residuos agrícolas, forestales y caña de azúcar para producir bioproductos y biocombustibles. En España, aunque existen 21 biorrefinerías operativas, el desarrollo es incipiente, con proyectos como Ecoplanta en Tarragona y Cepsa en Cádiz. Andalucía, impulsada por su Estrategia de Bioeconomía Circular, destaca en proyectos como BIOGREEN y BIOMASSTEP, mientras que Jaén aprovecha los residuos del olivar para bioenergía y bioproductos, aunque aún falta inversión para escalar a nivel comercial.

07
BIORREFINERÍAS A NIVEL INTERNACIONAL, EN ESPAÑA, ANDALUCÍA Y JAÉN

Guillermo García García[1]
Antonio Pérez Muñoz[1]
Rafael Rodríguez Solís[1]

1. PANORAMA INTERNACIONAL: CASOS DE ÉXITO

Las biorrefinerías juegan un papel clave en la transición hacia una economía más sostenible, al transformar biomasa en bioproductos, biocombustibles y bioenergía, como se ha descrito en capítulos anteriores. A continuación, se presentan algunos ejemplos de industrias que utilizan recursos renovables u operan bajo este concepto.

1.1 Producción de ácido levulínico y sus derivados (GFBiochemicals, Italia)

GFBiochemicals es una empresa pionera en el uso de glicerol, un subproducto abundante y de bajo costo generado durante la fabricación de biodiésel, como materia prima para la producción de ácido

1. Universidad de Granada.

FIGURA 7.1.
Producción de ácido levulínico y sus derivados.

levulínico y sus derivados (Figura 7.1). Fundada en 2008, la empresa inició operaciones comerciales en 2015 y ha logrado avances significativos en la integración de tecnologías sostenibles en la química renovable. El proceso de producción es innovador porque utiliza residuos agrícolas o coproductos de otras industrias, como las fábricas de papel o biodiesel, reduciéndose la dependencia de materiales fósiles y disminuyendo las emisiones de gases de efecto invernadero (hasta un 95 %), contribuyendo de esta forma a la economía circular.

El ácido levulínico es un compuesto químico versátil que figura entre las 12 moléculas clave definidas por el Departamento de Energía de los Estados Unidos como precursor de bioproductos químicos. El ácido levulínico y sus derivados están sustituyendo productos químicos derivados del petróleo en sectores clave, pudiéndose utilizar para obtener disolventes renovables, plastificantes, polioles, monómeros, polímeros, nailon e incluso biocombustibles.

Entre los productos que comercializan (RE:CHEMISTRY, 2025) se encuentran los siguientes:

- SOLVE100 es un disolvente de origen vegetal que contiene 100 % de carbono biogénico.
- MOVE200 es excelente para limpiar residuos difíciles de eliminar de todo tipo de sustratos. Tiene excelentes propiedades desengrasantes y es particularmente adecuado para su uso en formulaciones a base de solventes.

- CLEAN300 es un solvente de origen vegetal de alto rendimiento que se distingue por su perfil de seguridad excepcional sin etiquetado de peligro. Es 100 % biodegradable.
- NEW320 ofrece nuevas soluciones a base de plantas para formuladores que buscan alternativas sostenibles y seguras a los ingredientes petroquímicos y de aceite de palma ampliamente utilizados.

1.2 Biorrefinería forestal (UPM Biofuels, Finlandia)

La biorrefinería de UPM en Lappeenranta fue una de las primeras instalaciones comerciales a gran escala que utiliza residuos forestales como materia prima para producir biocombustibles avanzados. Esta biorrefinería forma parte del esfuerzo de UPM por diversificar su cartera más allá de la industria papelera, integrando sostenibilidad y economía circular en sus operaciones. El objetivo principal de esta planta es producir biocombustibles sostenibles que reduzcan las emisiones de gases de efecto invernadero sin competir con cultivos alimentarios.

Como materia prima usan residuos de madera (Figura 7.2) y productos secundarios de la industria forestal, como turpentina y lignina, los cuales no tienen uso alternativo y, sin esta tecnología, podrían acabar como desechos o con usos limitados. Estos residuos forestales se procesan mediante hidrotratamiento para convertirlos en productos finales como diésel y nafta renovables, asegurándose así que todos los subproductos se reutilicen o reciclen en la misma instalación, logrando un mínimo impacto ambiental y contribuyendo al ciclo de economía circular. Otros subproductos que se obtienen son bioquímicos como resinas y adhesivos que encuentran aplicaciones en sectores como la construcción y la automoción (UPM, 2025).

La planta de UPM reduce las emisiones de gases de efecto invernadero en hasta un 80 %, al emplear materias primas no fósiles y procesos optimizados energéticamente. Al utilizar exclusivamente residuos forestales y no madera recién cortada, UPM respalda la gestión sostenible

FIGURA 7.2.
Biorrefinería forestal.

de los bosques en Finlandia, para lo cual cuenta con certificaciones como FSC y PEFC para garantizar que su cadena de suministro respete altos estándares de sostenibilidad. En cuanto a sostenibilidad económica y social, la planta genera empleo local y fomenta la innovación en sectores industriales basados en bioeconomía, lo cual posiciona a Finlandia como un líder global en el uso sostenible de recursos forestales.

Aunque la tecnología es avanzada, el transporte y procesamiento de residuos forestales requiere una logística robusta, por lo que escalar la producción y mantener costos competitivos frente a combustibles fósiles sigue siendo un reto. En cualquier caso, UPM está explorando la expansión de su modelo a otros países, potenciando la exportación de su tecnología y productos.

1.3 Biorrefinería de microalgas (Algenol, Estados Unidos)

Algenol Biofuels, ubicada en Florida, opera una biorrefinería innovadora que utiliza microalgas (Figura 7.3) para producir etanol renovable, aceites para biocombustibles y oxígeno como subproducto. Desde 2013, esta planta combina sostenibilidad y eficiencia tecnológica al aprovechar CO_2 como insumo principal, junto con agua salada, evitando la competencia con cultivos alimentarios o recursos hídricos.

FIGURA 7.3.
Biorrefinería de microalgas.

En el proceso las microalgas convierten directamente, mediante fotosíntesis, el CO_2 y la luz solar en azúcares que se fermentan a etanol, sin necesidad de biomasa adicional, evitando la etapa de cosecha de la misma, lo que reduce costos y consumo energético. Los aceites extraídos de las microalgas son usados para biodiésel y combustible de aviación, mientras que el oxígeno liberado contribuye al balance ambiental. Este modelo modular y escalable emplea terrenos marginales y captura emisiones de plantas industriales (plantas de energía, fábricas de cemento y otras instalaciones), ofreciendo una solución desde el ámbito de la economía circular.

Algenol ha logrado reducir las emisiones de gases de efecto invernadero en un 80 % frente a combustibles fósiles, convirtiéndose en una solución clave para descarbonizar sectores como la energía y el transporte. A pesar de los altos costos iniciales, la empresa ha optimizado sus procesos y busca expandirse globalmente, explorando mercados en regiones con altas emisiones de CO_2 y terrenos no agrícolas. Su enfoque refuerza el papel de las biorrefinerías en la transición hacia una economía verde (Wikipedia, 2024).

1.4 Biorrefinería integrada para la producción de bioplásticos (NatureWorks, Estados Unidos)

NatureWorks es líder en la producción de bioplásticos a partir de recursos renovables, especialmente PLA, un polímero compostable usado en empaques, utensilios desechables y textiles. Su biorrefinería en Nebraska opera desde 2012 y es un ejemplo pionero de cómo integrar la agricultura sostenible con la química verde para ofrecer alternativas a los plásticos derivados del petróleo.

La planta utiliza almidón de maíz como materia prima (Figura 7.4). Este almidón se fermenta para producir ácido láctico, que posteriormente se convierte en PLA mediante un proceso químico de polimerización. La biorrefinería está diseñada para maximizar la eficiencia y minimizar los residuos, reutilizando subproductos en el mismo ciclo de producción o como insumos para otras industrias. NatureWorks garantiza que el maíz utilizado no compite con cultivos destinados al consumo humano y cuenta con certificaciones de sostenibilidad para sus materias primas, como el programa ISCC (International Sustainability & Carbon Certification).

La producción de PLA representa una alternativa sostenible a los plásticos tradicionales. Este bioplástico es compostable industrialmente, lo que ayuda a reducir la acumulación de desechos plásticos en el medio ambiente. Además, el PLA emite hasta un 75 % menos de gases de efecto invernadero durante su producción, en comparación con plásticos convencionales. El modelo de NatureWorks respalda la economía circular

FIGURA 7.4.
Biorrefinería para la producción de bioplásticos.

al diseñar productos que pueden reintegrarse al ciclo de la naturaleza o ser reciclados para nuevos usos. También fomenta la independencia de los materiales fósiles, reduciendo la dependencia de petróleo en aplicaciones industriales.

El PLA producido en la biorrefinería se utiliza en una variedad de sectores, incluyendo películas y recipientes para alimentos compostables, cucharas, tenedores y vasos biodegradables, o fibras sostenibles para ropa y muebles. Aunque la versatilidad del PLA y la creciente demanda de materiales sostenibles han posicionado a NatureWorks como un actor clave en la transición hacia una bioeconomía circular, aún se enfrenta al reto de expandir la aceptación de los bioplásticos en mercados globales y superar barreras relacionadas con la infraestructura de compostaje y reciclaje. Sin embargo, la empresa invierte continuamente en investigación para mejorar la eficiencia del PLA y explorar nuevas aplicaciones, como biomedicina y componentes electrónicos. En el futuro, NatureWorks planea expandir sus operaciones a nivel global, con una nueva planta en Asia, y desarrollar tecnologías para producir PLA utilizando otros insumos renovables, como desechos agrícolas (NatureWorks, 2025).

1.5 Biorrefinería de etanol a partir de residuos agrícolas (COXenergy, Estados Unidos)

La biorrefinería de Hugoton, Kansas, fue inaugurada en 2014 por Abengoa Bioenergy como una de las primeras instalaciones comerciales de gran escala para la producción de etanol de segunda generación. Su diseño innovador permite convertir residuos agrícolas, como paja de trigo, maíz y otros desechos no comestibles, en etanol renovable, promoviendo un modelo sostenible que no compite con cultivos alimentarios (Figura 7.5).

La planta utiliza tecnología avanzada de hidrólisis enzimática para descomponer los residuos agrícolas en azúcares fermentables, que

FIGURA 7.5.
Biorrefinería de etanol a partir de residuos agrícolas.

posteriormente se convierten en etanol mediante fermentación. Este proceso optimiza el uso de biomasa, aprovechando componentes como la celulosa y la hemicelulosa, mientras que los subproductos lignocelulósicos se emplean como fuente de energía para operar la planta, reduciendo la dependencia de combustibles fósiles (U.S. Department of Energy, 2025).

Con una capacidad para producir 95 millones de litros de etanol al año, la planta destacó por su contribución a la reducción de emisiones de gases de efecto invernadero, estimadas en un 90 % menos que los combustibles fósiles convencionales. Además, generaba energía renovable a partir de los residuos del proceso, suficiente para cubrir sus propias necesidades energéticas y exportar el excedente a la red eléctrica local.

A pesar de su innovación, la biorrefinería enfrentó desafíos financieros y operativos. La alta complejidad tecnológica, combinada con fluctuaciones en los precios del etanol y cambios regulatorios en los Estados Unidos, llevaron a la reestructuración de Abengoa y la posterior venta de la planta a Synata Bio en 2016. Desde entonces, el sitio ha continuado siendo una referencia en la bioeconomía, demostrando el potencial de los residuos agrícolas como fuente sostenible de energía y biocombustibles avanzados. Una opción planteada de crecimiento en cuanto al concepto de biorrefinería es la ampliación mediante un proceso catalítico en el que el etanol de origen biológico reacciona con hidrógeno para producir principalmente n-biobutanol. En el reactor, el n-biobutanol reacciona aún más con el etanol para producir en cadena n-hexanol y otros alcoholes lineales de cadena más larga. Los productos de la reacción pasan a un conjunto de columnas de separación para realizar cortes de alcohol puro.

1.6 Biorrefinería de caña de azúcar (Raízen, Brasil)

Raízen, una de las mayores empresas energéticas de Brasil, opera desde 2006 una de las biorrefinerías de caña de azúcar más avanzadas del mundo, consolidándose como un líder en la producción de biocombustibles y bioenergía. Esta biorrefinería aprovecha al máximo la caña de azúcar para producir etanol, bioelectricidad y otros subproductos de valor, integrando sostenibilidad y tecnología en su modelo operativo (Figura 7.6).

El proceso comienza con la extracción del jugo de la caña para fermentarlo y producir etanol de primera generación. El bagazo y la paja, residuos lignocelulósicos de la planta, se utilizan para generar bioelectricidad mediante cogeneración. Esta energía no solo cubre las necesidades de la biorrefinería, sino que también se inyecta a la red eléctrica, contribuyendo a la matriz energética renovable del país. Además, Raízen ha implementado tecnologías para producir etanol de segunda generación (E2G) a partir de los residuos de la caña, aumentando significativamente el rendimiento sin necesidad de expandir las áreas de cultivo.

Con una capacidad anual de producción de millones de litros de etanol, las biorrefinerías de Raízen han sido reconocidas por reducir las emisiones de gases de efecto invernadero en hasta un 90 % en comparación con los

Figura 7.6.
Biorrefinería de caña de azúcar.

combustibles fósiles. Este modelo no solo fomenta la descarbonización del sector energético y del transporte, sino que también promueve la economía circular, reutilizando prácticamente todos los subproductos del proceso.

Raízen se destaca por su compromiso con la sostenibilidad y la innovación tecnológica. La empresa invierte constantemente en investigación y desarrollo, colaborando con universidades e institutos de investigación para optimizar procesos y explorar nuevos bioproductos derivados de la caña de azúcar, como bioplásticos, bioquímicos y hasta hidrógeno verde (Raízen, 2025).

El éxito de Raízen refleja el potencial de la caña de azúcar como una fuente renovable versátil, capaz de satisfacer las demandas de energía y combustibles sostenibles mientras impulsa el desarrollo económico en áreas rurales. Este enfoque integral ha convertido a la empresa en un modelo para otros países que buscan replicar prácticas sostenibles en sus sectores agrícolas y energéticos.

1.7 Biorrefinería de celulosa y derivados (Borregaard, Noruega)

Borregaard, ubicada en Sarpsborg, Noruega, es una de las biorrefinerías más avanzadas del mundo en la producción de productos químicos y materiales renovables a partir de biomasa forestal (Figura 7.7). Con más de un siglo de historia, la empresa ha perfeccionado el uso de madera como materia prima para obtener productos de alto valor añadido, reduciendo la dependencia de materiales fósiles y promoviendo la economía circular.

El proceso comienza con la transformación de madera en celulosa, la cual se utiliza para fabricar derivados como lignina, bioetanol y azúcares especiales. La lignina, un componente clave de la madera, se convierte en productos que sustituyen polímeros y químicos derivados del petróleo en aplicaciones como adhesivos, dispersantes y plastificantes. Los azúcares extraídos de la madera son empleados para producir bioetanol avanzado y aditivos para alimentos, mientras que la celulosa refinada se destina a la fabricación de productos de alta calidad para la industria alimentaria, farmacéutica y tecnológica (Borregaard, 2025).

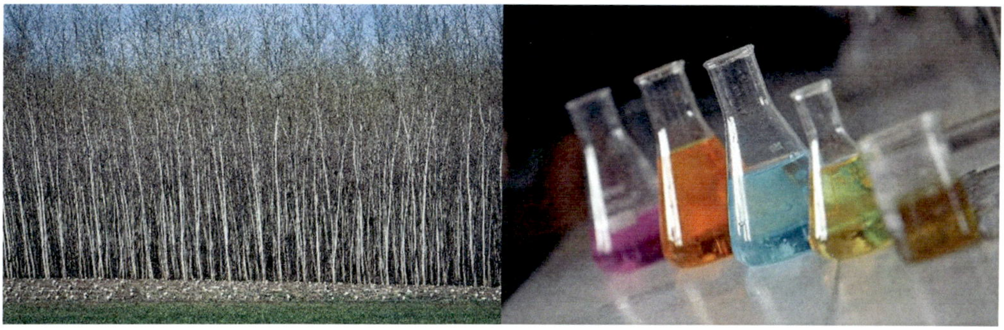

FIGURA 7.7.
Biorrefinería de caña de azúcar.

Borregaard se destaca por su modelo de economía circular, ya que utiliza todas las partes de la biomasa forestal, minimizando los residuos. Además, opera bajo estrictos estándares de sostenibilidad, asegurando que la madera proviene de bosques gestionados responsablemente y certificados. La planta también genera su propia energía renovable a partir de residuos del proceso, logrando una operación energéticamente eficiente y con bajas emisiones de carbono.

La biorrefinería ha contribuido significativamente a la innovación en la bioeconomía, con productos que encuentran aplicaciones en sectores tan diversos como la construcción, la agricultura, los textiles y los cosméticos. Su enfoque en la investigación y desarrollo ha llevado a Borregaard a establecerse como líder mundial en el aprovechamiento sostenible de recursos renovables, demostrando que la biomasa puede ser una alternativa viable y competitiva frente a los recursos fósiles.

2. PANORAMA GENERAL EN ESPAÑA

El agotamiento de los combustibles fósiles y la emergencia climática ha promovido que los organismos europeos apuesten por mecanismos orientados a la implementación robusta de la industria de los biocombustibles, a través de políticas recientes como el Pacto Verde Europeo o el Plan REPowerEU. Por ello, existe un creciente aumento de apertura de estaciones aprovechadoras de recursos biomásicos. El concepto de biorrefinería es relativamente reciente y ha ido evolucionando en las últimas décadas, considerándose en la actualidad como una plataforma de procesamiento donde materias primas basadas en biomasa se convierten en un espectro de productos valiosos. Bajo esta definición, en un estudio de 2018 se identificaron un total de 803 biorrefinerías en la UE, que producen bioquímicos, biocombustibles líquidos, biocombustibles compuestos y fibras (Parisi, 2018). De ellas, 507 producen biocompuestos, 363 biocombustibles y 141 biocompuestos y fibras. En la Figura 7.8 se muestra la distribución geográfica de estas plantas transformadoras. De ellas, tan

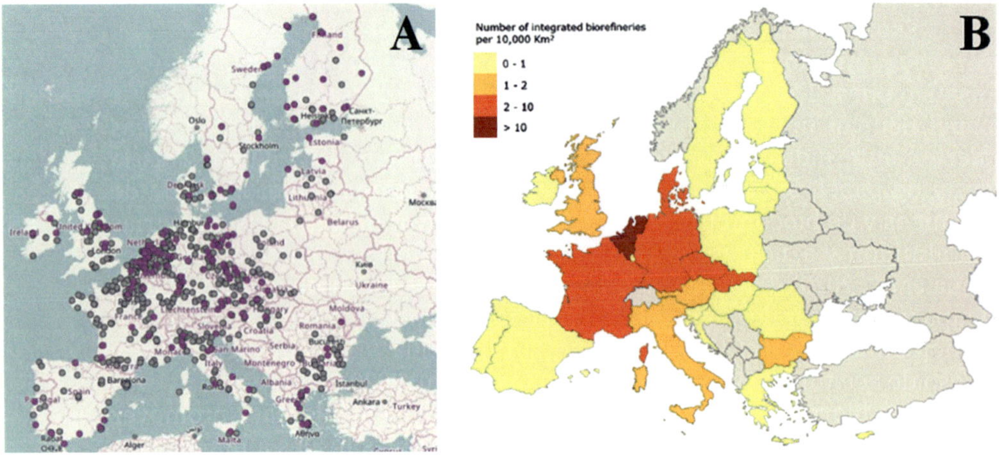

FIGURA 7.8.

(A) Distribución geográfica de plantas transformadoras de biomasa en biocombustibles, bajo un esquema de transformación integral (violeta) y no integrada (gris). (B) Densidad de biorrefinerías con producción integrada. Fuente: Comisión Europea, 2018. Reproducido con permiso de la Unión Europea.

solo 177 se ajustan a una definición basada en la producción integral de bioproductos y bioenergía a partir de biomasa.

De la distribución apreciada en la Figura 7.8 se deduce que la localización de la mayoría de las biorrefinerías ya consolidadas se corresponde con polos industriales de elevado carácter químico-industrial, con buenas vías comunicativas, especialmente marítimas. En la UE, la mayor parte se encuentra en Bélgica y los Países Bajos, seguidas por áreas altamente industrializadas de Alemania, Francia e Italia. En contraste, en áreas occidentales y mediterráneas existe un menor número de estaciones de biorrefino, lo cual pone de manifiesto la escasa o nula explotación de sus recursos biomásicos.

En cuanto a las materias primas más ampliamente consumidas en las biorrefinerías, destaca el uso de residuos procedentes de la agricultura, seguido de recursos agroforestales, residuos biomásicos de diverso origen, residuos de origen marino u otros, como por ejemplo residuos de carácter entomológicos. Aunque los residuos agroindustriales predominan, existen algunas excepciones en el panorama europeo. Por ejemplo, en el caso de países como Finlandia, Suecia, y Portugal predomina el uso de recursos agroforestales, debido al gran peso de la silvicultura en estos países. El uso de materia biomásica marina, tal como aceite de pescado o algas, de carácter minoritario en la gran mayoría de países, adquiere cierta relevancia en países como Francia, Países Bajos, España, Alemania e Irlanda. Entre los productos finales producidos destacan la producción de polisacáridos de bajo peso molecular, carbohidratos poliméricos tipo almidón o pectina, componentes lignocelulósicos, proteínas, fibras vegetales, aceite y lípidos vegetales, aceites de pirólisis, biogás y gas de síntesis o *syngas*.

España ocupa un puesto intermedio en el *ranking* europeo de aprovechamiento integrado de biomasa en biorrefinerías, con 108 instalaciones. Las instalaciones derivadas del procesado de la pasta de papel ocupan un papel relevante a nivel nacional, localizadas en áreas fuertemente industrializadas del País Vasco, Aragón y Cataluña. Tras la pasta de papel, le siguen en importancia instalaciones de producción de químicos y de biocombustibles líquidos, y a mayor distancia las industrias del almidón y azúcares, madera, composite y fibras y biometano (López Neila *et al.*, 2020). Por su parte, el mercado de los biocombustibles sólidos ocupa un puesto relevante en el aprovechamiento de la biomasa en España, principalmente *pellet* (83 plantas en 2019), astilla (61 plantas en 2019) y hueso de aceituna (25 plantas en 2019) (AveBiom, 2020).

Las biorrefinerías, por tanto, suponen un vehículo para promover la economía circular y la transición de combustibles fósiles a renovables. En el Plan de Energías Renovables 2011-2020, se fomentó el papel de ciertas plantas de actividad industrial con materia de origen biológico como precursores de productos de valor añadido. En ellas, en el panorama nacional español destacan las plantas de celulosa, hemicelulosa y lignina para producir biocarburantes o energía bajo un planteamiento rentable integrado con producción diversificada. Con un fuerte carácter innovador, se fomenta el aprovechamiento de la materia orgánica en los sectores agroindustriales y forestales de fuerte origen local. Con este aprovechamiento se pretende crear un nexo común entre las industrias químicas y otras de aprovechamiento biomásico.

En 2015 se aprobó la Estrategia Española de Bioeconomía: Horizonte 2030 (MINECO, 2022), la cual pretende incrementar la competitividad del sector con iniciativas basadas en la reutilización y la descarbonización. En este sentido, se hace especial hincapié en el impulso para la producción conjunta de bioenergía y biocombustibles, así como otros bioproductos químicos o alimentarios, potenciando el uso de recursos biomásicos concentrados a escala local. Aunque la mayor parte de las instalaciones dedicadas al biorrefino en Europa explotan recursos agrícolas, existen otras opciones tales como los recursos marinos o los propios residuos. Es en este último caso donde se aloja un gran potencial para promover un escenario de economía circular más sostenible en aras de la descarbonización. Actualmente, España se encuentra en una posición de desventaja a nivel europeo en lo que concierne a biorrefinerías avanzadas. No obstante, existen múltiples ejemplos de biorrefinerías operativas tanto en fase de investigación en planta piloto como a escala industrial. A continuación, se describen algunos casos de éxito.

La información referente a las biorrefinerías en España (Figura 7.9) aquí presentada hace referencia a los datos recogidos por la base de datos mundial de IAE Bioenergy (Fuente: https://www.ieabioenergy.com/installations/) de instalaciones de conversión de biomasa, incluidas plantas de biocombustibles avanzados, combustión, gasificación y pirólisis. Este informe incluye 1.312 biorrefinerías en funcionamiento en el mundo, de

FIGURA 7.9.
Biorrefinerías instaladas en España.

las cuales 637 están instaladas en los Estados Unidos. En Europa, los países con una mayor implantación de biorrefinerías son Francia (100), Alemania (78), Países Bajos (56), Finlandia (44), Suecia (42). En España se indica que hay 21 biorrefinerías en funcionamiento estando al nivel de otros países como Australia, Bélgica, Brasil, Canadá o Italia.

De las biorrefinerías analizadas algunas de ellas no aportan información acerca de la producción o qué tipo de materia prima utilizan. Estas biorrefinerías quedan reflejadas en la siguiente figura y, a continuación, su descripción general (Tabla 7.1).

Aparte de estas instalaciones, en operación o construcción, existen otras instalaciones en fase de planta piloto o demostración. En su mayoría se encuentran promovidas o financiadas por fondos europeos o autonómicos como es el caso de CLaMber (Castilla-La Mancha Bio-Economy Region) una instalación pública dedicada a la investigación científica, a la realización de experimentos de escalado y al desarrollo de nuevos bioprocesos y bioproductos a partir de biomasa húmeda fermentable o lignocelulósica (tanto residual como cultivada). Otro caso es el proyecto URBIOFIN, proyecto coordinado por PERSEO Biotechnology, cuyo objetivo es demostrar a escala semiindustrial la viabilidad tecnológica, económica y medioambiental de una biorrefinería para la transformación de la fracción sólida de los residuos urbanos en nuevos bioproductos comercializables, componentes químicos (por ejemplo, bioetanol, ácidos grasos volátiles y biogás), biopolímeros (PHA y biocomposites) y aditivos (como bioetileno y microalgas hidrolizadas para biofertilizantes) (Ruiz Guevara, 2022).

A nivel nacional, cabe destacar el Centro de Biorrefinería y Bioenergía (BIO2C), ubicado en Navarra, dependiente del CENER (Centro Nacional de Energías Renovables de España), una instalación de pruebas a escala piloto semiindustrial capaz de desarrollar procesos de producción

TABLA 7.1.

Principales características de las birorrefinerías instaladas en España.

Nombre de la planta (Localización)	Estado de la técnica	Tipo de biorrefinería	Propietario	Materias primas	Productos
BP (Castellón, España)	Planta comercial	Biorrefinería hidrotermal	BP	Cultivos oleaginosos, aceites y grasas	SAF (Sustainable Aviation Fuels)
Refinería de Cepsa (San Roque, Cádiz)	Planta comercial	Biorrefinería hidrotermal	Moeve (Cepsa Bioenergía)	Residuos orgánicos	Diésel renovable (HVO), 50.000 t/año
Refinería Cepsa (San Roque, Cádiz)	Planta comercial	Biorrefinería de producción de Biodiesel	Cepsa Bioenergía	Aceites vegetales crudos de soja, colza y palma	Biodiesel (200.000 t/año), glicerina cruda (24.000 t/a), gomas y ácidos grasos
2G Biofuels plant (Huelva)	Planta en construcción	Biorrefinería hidrotermal	Cepsa y Bio-Oil	Residuos orgánicos	SAF (500.000 t/año), diésel renovable (HVO)
Planta de Cepsa (Huelva)	Planta operacional	Biorrefinería hidrotermal	Cepsa La Rábida Research	Otros (no informa)	Diésel renovable (HVO) (50.000 t/año)
Ecoplanta Molecular Recycling Solutions (Tarragona)	Planta en construcción	Biorrefinería Gasificación	Enerkem SA (Agbar), Repsol	Residuos de bosque y residuos no reciclables	Metanol (265.000 t/año)
Hunosa (La Pereda)	Planta en operación	Biorrefinería Bioenergía	Hunosa	Biomasa y carbón	Electricidad y calor (50 MWth)
Co-procesado Puertollano (Puertollano)	Planta en construcción	Biorrefinería Hidrotratamiento	Repsol	Cultivos oleaginosos, aceites y grasas	Diésel renovable (HVO) (240.000 t/año)
Planta de biocarburantes avanzados en Cartagena	Planta en operación	Biorrefinería Hidrotratamiento	Repsol	Aceite usado (300.000 t/año)	Diésel renovable (HVO) (250.000 t/año), SAF y nafta renovable
Proyecto NUMANTIA (Soria)	Planta demostración	No informa	Solarig	Residuos agrícolas (biometano y CO_2 de origen biológico)	SAF (60.000 t/año), nafta renovable
CIRCULAR BIOCARBON (Zaragoza)	Planta en operación (2024)	No informa	Consorcio de 11 entidades coordinado por URBASER	Residuos Sólidos Urbanos y lodos de depuradora	Biopolímeros, biofertilizantes, dispositivos verdes a base de grafeno

y el escalado industrial de estas tecnologías. El centro constituye una plataforma integrada de ensayo y demostración diseñada para desarrollar procesos, equipos y componentes específicos, nuevos bioproductos o biocombustibles y conceptos de biorrefinería.

Los principales actores en el desarrollo de las biorrefinerías son las empresas de refino de petróleo instaladas en España y los principales productos que elaboran tienen que ver con los biocombustibles, biodiésel, diésel renovable (HVO) y combustible de aviación avanzado (SAF). Este hecho tiene lógica ya que los combustibles no dejan de ser uno de sus principales negocios y en las propias refinerías pueden llevar a cabo las transformaciones químicas necesarias para convertir un residuo como el aceite usado en un combustible modificando las unidades de hidrotratamiento ya instaladas.

El proyecto demostrativo SOSTRICE es otro ejemplo en el que se gestiona la paja de arroz con valorización energética a través de tecnologías de combustión y digestión anaerobia. Así, con la producción de biogás, se genera también un residuo líquido, base de fórmulas de biofertilizantes.

El uso de celulosa de alta calidad y lignina para producir monómeros y polímeros alternativos a los de la industria petrolífera es el objetivo de otro proyecto de biorrefinería: el proyecto FRACTION. Este proyecto plantea una biorrefinería de segunda generación al no utilizar biomasa directamente, sino residuos lignocelulósicos con una disolución acuosa de γ-valerolactona, que puede obtenerse de la propia biomasa, fomentando la ruptura y fraccionamiento de la lignocelulosa.

Durante el proyecto BIOTABACUM se desarrolló una planta piloto y demostrativa del aprovechamiento energético de aceite vegetal extraído de la semilla de la planta de tabaco *Nicotiana tabacum*. El principal producto generado consiste en un biodiesel con mejor arranque en frío en motores diésel que el combustible convencional.

El proyecto CHEERS planifica la conversión del residuo sólido resultante de la producción de cerveza, denominado bagazo, en materias primas proteicas para la alimentación de insectos, proyectándose una capacidad de valorización del bagazo de 40 toneladas al año.

Otro proyecto es SUSTAINEXT, destinado a transformar la industria de los extractos botánicos con un modelo replicable en Europa. Su objetivo es desarrollar en Hervás (Cáceres) una biorrefinería neutra en carbono, versátil y multiproducto con capacidad de 20.000 toneladas, impulsando una bioindustria más competitiva. Se cultivarán plantas medicinales (romero, manzanilla y hierbaluisa) en campos de tabaco en desuso y se valorizarán subproductos agroindustriales para promover su aprovechamiento y la circularidad (Fundecyt – PCTEX, 2024).

3. EL DESARROLLO DE LAS BIORREFINERÍAS EN ANDALUCÍA

España se beneficia de la diversidad de biomasa disponible, integrando sistemas que maximizan el valor de estos residuos, reducen su impacto ambiental y fomentan una economía sostenible. En Andalucía, una región con un sector agrícola predominante, se han desarrollado diversos proyectos y estudios relacionados con la biorrefinería en las últimas décadas.

La Junta de Andalucía ha impulsado medidas específicas para fomentar la bioeconomía y, por extensión, la biorrefinería. La principal herramienta es la Estrategia Andaluza de Bioeconomía Circular (EABC), aprobada en 2018, que busca transformar el modelo productivo hacia uno basado en el aprovechamiento sostenible de recursos biomásicos. Esta estrategia promueve la creación de bioindustrias, la generación de bioenergía y el desarrollo de mercados para bioproductos. Entre sus prioridades están el uso eficiente de recursos agrícolas, forestales y pesqueros, y la integración de tecnologías innovadoras en el procesamiento de biomasa para aplicaciones industriales y energéticas (Figura 7.10). Andalucía ya cuenta con diversas infraestructuras clave, como plantas de biodiésel, biomasa y biogás, que operan en el marco de esta estrategia.

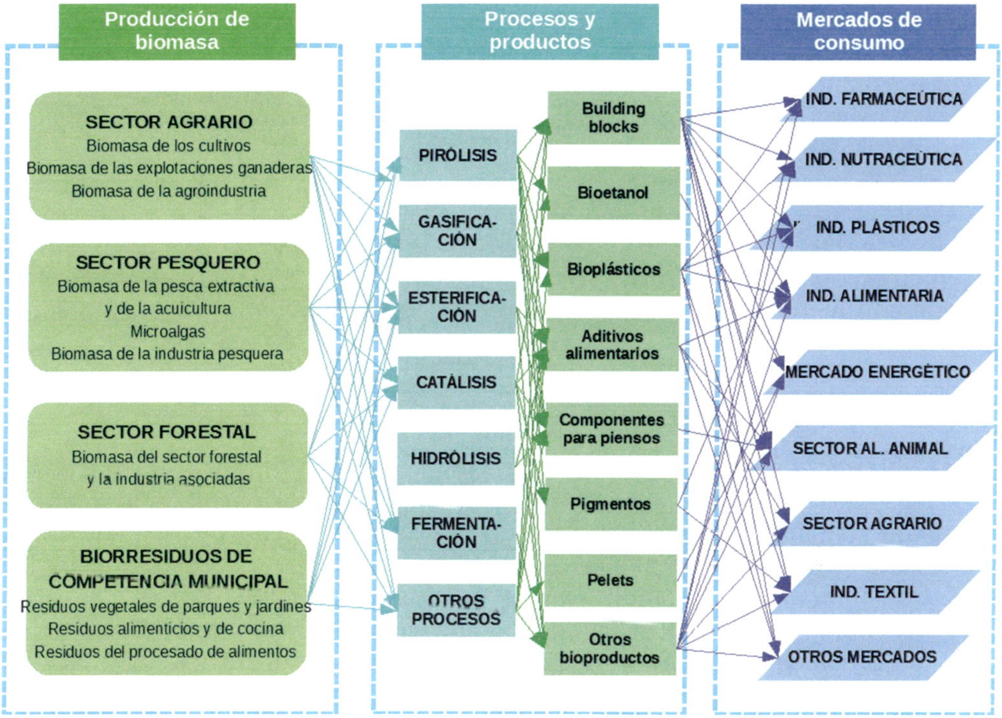

FIGURA 7.10.

Esquema resumen de la Estrategia Andaluza de Bioeconomía Circular. Fuente: Junta de Andalucía (2018). Reproducido con permiso de la Junta de Andalucía.

El objetivo principal de la estrategia es consolidar el liderazgo de Andalucía en este sector emergente, promoviendo la economía rural, la innovación y la sostenibilidad ambiental. Incluye acciones específicas dirigidas a incrementar la disponibilidad de biomasa utilizable, desarrollar nuevas bioindustrias y aumentar la demanda de bioproductos en el mercado. La EABC cuenta con financiación europea y un horizonte de implementación hasta 2030, con un presupuesto estimado de 1.400 millones de euros. Además, la Ley 3/2023 de Economía Circular de Andalucía complementa este marco regulador, con objetivos que incluyen la reducción de residuos y el impulso a actividades que promuevan la economía circular, en línea con las iniciativas de bioeconomía.

3.1 Experiencias y proyectos en Andalucía

Andalucía ha promovido proyectos de investigación y desarrollo, y ha contado con fondos europeos como el Fondo Europeo de Desarrollo Regional (FEDER) y el Fondo Europeo Marítimo y de Pesca para apoyar estas iniciativas. Esto pone de manifiesto el compromiso de la región en avanzar hacia un modelo más sostenible que pueda posicionarla como referente en bioeconomía. A continuación, se describen brevemente los proyectos más destacados en esta área.

Desarrollado entre 2016 y 2019, el proyecto BIOGREEN buscó implementar un modelo de biorrefinería verde en España, aprovechando biomasa agrícola no competitiva con el sector alimentario. Su objetivo principal era transformar residuos agrícolas excedentarios en productos de alto valor añadido, como bioplásticos, membranas de filtración de acetato de celulosa, fertilizantes y energía. Además, se realizaron ensayos a escala laboratorio y piloto, incluyendo procesos como digestión anaerobia y obtención de biopolímeros. Este enfoque se integra dentro de un modelo de economía circular y bioeconomía, especialmente relevante en áreas agroindustriales. Este proyecto no se desarrolló exclusivamente en Andalucía, sino que contó con un esfuerzo de colaboración a nivel nacional. Las actividades del proyecto involucraron a varias entidades españolas, incluyendo centros tecnológicos. El proyecto estuvo financiado por el Centro para el Desarrollo Tecnológico Industrial (CDTI), el FEDER y el Ministerio de Economía y Competitividad. Entre las entidades participantes destacaron empresas como Agroamb Prodalt, Norvento y Galchimia, además de centros tecnológicos como AINIA y CETIM.

Liderado por Andalucía, el proyecto transfronterizo (España-Portugal) BIOMASSTEP desarrolló herramientas basadas en tecnología espectroscopia de infrarrojo cercano (NIRS) para evaluar la calidad de la biomasa de forma inmediata, mejorando su uso energético. Esto es esencial para garantizar el rendimiento y la sostenibilidad de su utilización en sectores industriales y residenciales. Además, el proyecto fomentó una plataforma interregional que conecta empresas, centros de investigación y administraciones públicas.

El proyecto Biolubricantes inteligentes, desarrollado por la Universidad de Huelva y el Instituto de la Grasa (CSIC), exploró la creación de biolubricantes a partir de aceites vegetales usados y nanopartículas lignocelulósicas. Fue financiado por el Programa Operativo FEDER Andalucía y se llevó a cabo entre 2020 y 2021. Buscó alternativas sostenibles a los lubricantes derivados del petróleo. Por otra parte, el estudio Proyecto de valorización de lixiviados de residuos vegetales, desarrollado por la Universidad de Almería, se centra en transformar lixiviados en productos útiles mediante técnicas avanzadas de digestión anaerobia y compostaje.

El proyecto Bio+Málaga, financiado por el PRTR, se centra en el aprovechamiento sostenible de biomasa en la Sierra de las Nieves, Málaga. Incluye la creación del centro Bio+A Lab, con el objetivo de transformar los residuos forestales en recursos bioeconómicos útiles, mientras se fomenta la creación de empleo y la formación en bioeconomía. Este modelo busca optimizar la gestión forestal y servir como referencia para futuras iniciativas similares en la región.

El proyecto CircRuRaL 4.0, parte del programa Interreg SUDOE, se enfocó en la gestión circular e inteligente de aguas residuales en áreas rurales, explorando soluciones que integran la economía circular y la sostenibilidad. Su periodo de ejecución fue de 2018 a 2021, involucrando a varios socios de regiones españolas y portuguesas. Finalmente, el proyecto Innovación en antiespumantes biodegradables, desarrollado entre 2012 y 2014, trabajó en la producción de un antiespumante biodegradable para aplicaciones agrícolas, utilizando aceites vegetales y fomentando la sostenibilidad en la agroindustria andaluza.

Además, otros proyectos regionales han explorado el uso de algas y biomasa lignocelulósica, así como estrategias para integrar los principios de la bioeconomía en zonas rurales, fomentando el desarrollo de bioproductos innovadores con menor impacto ambiental y alta rentabilidad. Esto refleja el compromiso de Andalucía con la sostenibilidad y la competitividad en el sector de la bioeconomía.

3.2 Actuaciones en la provincia de Jaén

A pesar de las grandes oportunidades de recursos biomásicos que ofrece Jaén, todavía no se ha extendido la implementación de biorrefinerías comerciales en el territorio. Esto se debe principalmente al elevado capital inicial necesario para la instalación de los equipos industriales. Sin embargo, sí que existen algunos ejemplos a escala de planta piloto, así como plantas industriales que permiten obtener bioenergía mediante la combustión o la producción de biogás. Estas instalaciones pueden ser el punto de partida para la implementación de esquemas de biorrefinerías más complejos, que permitan obtener un mayor número de productos y, por tanto, mayor beneficio económico y menor cantidad de residuos. Esta sección describe las principales iniciativas que se han tomado al respecto en Jaén.

Por ejemplo, Peláez Renovables se dedica a la producción de combustibles a partir de huesos de aceituna, así como a la compra, preparación y venta de leña, para uso a nivel industrial o doméstico. La empresa Magtel está en trámites para la instalación de una planta de biomasa de 10 MW en Torredonjimeno que utiliza orujillo y hojín como materias primas. Otras empresas de éxito en Jaén que producen biocombustibles sólidos a partir de hueso de aceituna, *pellet*, astilla y leña incluyen Aceites Guadalentín, Agroenerlim, Garzón Green Energy, Ecoleña, Ecoloma Biocombustibles, Maderas Campos, Peláez Renovables y SCA La Carrera (AveBiom, 2023). Por otra parte, las empresas Enagás Renovable, Genia Bioenergyy y Grupo Valora han acordado la creación de una planta de producción de biometano alimentada principalmente por alperujo y purines en Jabalquinto, con una capacidad de procesamiento de residuos de hasta 140.000 toneladas al año (*Diario Jaén*, 2022).

En cuanto a investigación, se debe mencionar el trabajo de la Fundación Andaltec, por ejemplo, en proyectos como Compolive, que ha investigado la utilización de residuos del olivar para la producción de nuevas fibras y biocompuestos sustitutivos del plástico. Bioliza, una empresa derivada de la Universidad de Jaén, ha diseñado y desarrollado un modelo específico de gestión para los subproductos generados por el sector del olivar basada en la gasificación. De hecho, la Universidad de Jaén destaca por su gran actividad investigadora en este campo. Por ejemplo, destaca su línea de investigación en Valorización de biomasa forestal, residuos agrícolas y urbanos y materias primas lignocelulósicas agroalimentarias, así como su participación en el proyecto Diseño y optimización de una biorrefinería sostenible basada en biomasa del olivar y de la industria del aceite de oliva: análisis tecnoeconómico y ambiental, financiado por el Ministerio de Economía y Competitividad. También cabe mencionar la celebración de las dos últimas ediciones del Congreso Iberoamericano en Biorrefinerías en la Universidad de Jaén. Además, la Universidad de Jaén coordina el nuevo Instituto Interuniversitario de Investigación en Biorrefinerías (I3B), junto a las universidades de Málaga, Granada y Almería, que también destacan en su investigación en esta temática.

En conclusión, España, y en cierta medida Andalucía y la provincia de Jaén, disponen de grandes y diversos recursos biomásicos que podrían explotarse en un esquema de biorrefino integrado. No obstante, las iniciativas desarrolladas en la actualidad son insuficientes para adquirir una posición relevante en el panorama europeo. Existe una elevada necesidad de aunar la localización de estaciones transformadoras de biomasa con las actividades que producen esta materia prima, principalmente derivadas de la agricultura y la silvicultura en la actualidad, con el fin de optimizar la explotación de los recursos a nivel local. Esto es particularmente importante en territorios como Andalucía, por su alta actividad agrícola. Por ejemplo, Jaén puede aprovechar su gran volumen de recursos biomásicos de la industria del olivar para instalar biorrefinerías en las inmediaciones de sus almazaras. El aprovechamiento de la biomasa procedente de residuos agrícolas también supone una herramienta de dinamización local con la que combatir la despoblación. Por otra parte, el aprovechamiento de los residuos biomásicos procedentes de residuos sólidos urbanos, aunque supone un reto debido a su heterogeneidad, es una fuente importante a explotar en esquemas de biorrefino que permitirían promover un desarrollo más sostenible basado en una economía circular.

CONCLUSIONES

1. Las biorrefinerías son clave para la transición sostenible, demostrando su viabilidad en países líderes como Finlandia y Brasil.
2. España tiene potencial en biomasa (p. ej. olivar, residuos agrícolas), pero requiere mayor inversión y políticas de apoyo para competir en Europa.
3. Andalucía lidera proyectos innovadores en bioeconomía, aunque necesita integrar mejor la producción local con infraestructuras industriales.
4. Jaén, con su sector olivarero, es un modelo de economía circular incipiente, pero enfrenta desafíos financieros para escalar tecnologías.
5. La colaboración público-privada y el acceso a fondos europeos son esenciales para superar barreras técnicas y económicas.
6. El futuro pasa por diversificar bioproductos (bioplásticos, biocombustibles) y optimizar el uso de residuos en cadenas de valor circulares.

BIBLIOGRAFÍA

Gómez-Cruz, I., Contreras, M. del M., Romero, I. y Castro, E. (2024): "Towards the Integral Valorization of Olive Pomace-Derived Biomasses through Biorefinery Strategies". *ChemBioEng Reviews*, 11(2), 253–277.

López Neila, J. C., García Acedos, M. y Ruiz Fuertes, B. (2020): "Biorrefinerías, el futuro para la transición hacia la (bio)economía circular". *Industria Química*, 79, 36–45.

Orive, M., Cebrián, M., Amayra, J., Zufía, J. y Bald, C. (2021): "Integrated biorefinery process for olive pomace valorisation". *Biomass and Bioenergy*, 149, 106079.

Ruiz Guevara, P. (2022): "Biorrefinerías para apostar por un futuro circular sin residuos". *Revista Técnica de Medio Ambiente*, 2421, 108–113.

Informes, estrategias y normativa:

Agroalnext (2023): "Evaluación de biomasa potencial en España a nivel provincial". https://www.agroalnext.es/descargas/evaluacion-de-biomasa-potencial-en-espana-a-nivel-provincial/

AveBiom. Asociación Española de la Biomasa (2020): "Mapa de los Biocombustibles sólidos 2020". https://www.avebiom.org/sites/default/files/biomasanews/mapa-biocombustibles-2020.pdf

AveBiom. Asociación Española de la Biomasa (2023): "Jaén, la provincia más bioenergética de España". https://www.avebiom.org/biomasanews/calefaccion-industrial-y-district-heating/jaen-la-provincia-mas-bioenergetica-de-espana

Borregaard (2025): "Borregaard – The Sustainable Biorefinery". https://www.borregaard.com/

Comisión Europea (2018): "Research Brief: Biorefineries distribution in the EU". https://publications.jrc.ec.europa.eu/repository/handle/JRC113216

Diario Jaén (2022): "Promueven en Jabalquinto una planta de generación de biometano". https://www.diariojaen.es/provincia/promueven-en-jabalquinto-una-planta-de-generacion-de-biometano-DM8394498

Fundecyt – PCTEX (2024): "Proyecto SustaiNext". https://www.fundecyt-pctex.es/proyecto-sustainext/

Junta de Andalucía (2018): "Estrategia Andaluza de Bioeconomía Circular". https://www.juntadeandalucia.es/organismos/agriculturapescaaguaydesarrollorural/areas/politica-agraria-comun/desarrollo-rural/paginas/estrategia-andaluza-bioeconomia.html

Junta de Andalucía (2024): "Aforo de producción de olivar en Andalucía. Campaña 2024–2025". https://www.juntadeandalucia.es/sites/default/files/inline-files/2024/10/Estimacion_ACEITE_MESA_2024_25_LARGA_0.pdf

MINECO. Ministerio de Economía, Industria y Competitividad (2022): "Estrategia española de bioeconomía. Horizonte 2030". https://www.mapa.gob.es/es/desarrollo-rural/temas/innovacion-medio-rural/estrategiaenbioeconomia23_12_15_tcm30-560119.pdf

Parisi, C. (2018): "Research Brief: Biorefineries distribution in the EU". *European Commission, Joint Research Centre.*

Sitios web de empresas y organizaciones:

NatureWork (2025): "Nature builds things from carbon dioxide, and so do we". https://www.natureworksllc.com/

Raízen (2025): "Raízen". https://www.raizen.com.br/es

RE: CHEMISTRY (2025): "RE-CHEMISTRY® Different by nature". https://www.re-chemistry.com/

UPM (2025): "UPM Biofuels". https://www.upmbiofuels.com/

U.S. Department of Energy (2025): "Abengoa". https://www.energy.gov/eere/bioenergy/abengoa

Wikipedia (2024): "Algenol". https://en.wikipedia.org/wiki/Algenol

RESUMEN

El capítulo 8 analiza los desafíos y oportunidades de las biorrefinerías mediante un análisis DAFO. Entre las debilidades destacan los altos costos de inversión, la dependencia de materias primas y tecnologías inmaduras. Las amenazas incluyen la competencia con combustibles fósiles y cambios regulatorios. Sin embargo, sus fortalezas radican en la reducción de emisiones, el aprovechamiento de residuos y el impulso al desarrollo rural. Las oportunidades para España son vastas, gracias a su abundancia de biomasa residual, apoyo político de la UE y creciente demanda de bioproductos. El capítulo concluye que, pese a los retos, las biorrefinerías son clave para la transición hacia una economía circular y descarbonizada.

08
DESAFÍOS Y OPORTUNIDADES DE LAS BIORREFINERÍAS

Ángel Galán Martín[1]
Juan Miguel Romero García[1]

1. INTRODUCCIÓN

Grandes entes como la Organización de las Naciones Unidas (a través del Consejo Económico y Social) (Naciones Unidas, 2025), la Agencia Internacional de la Energía (IEA, 2021), la Agencia Internacional de las Energías Renovables (IEA *et al.,* 2024), la Comisión Europea (Comisión Europea, 2022), la Organización para la Cooperación y el Desarrollo Económicos (OECD, 2009) o el Foro Económico Mundial (World Economic Forum, 2024) hablan de la necesidad de una transición económica hacía la bioeconomía para impulsar el desarrollo sostenible, estando en el centro de la misma la biorrefinería. En el capítulo 1 se introdujo la definición de biorrefinerías, así como ventajas y desafíos. A continuación, en los siguientes puntos se van a recoger debilidades, amenazas, fortalezas y oportunidades para el desarrollo de las biorrefinerías, lo que permitiría generar un

1. Universidad de Jaén.

FIGURA 8.1.
Matriz para el análisis DAFO de una biorrefinería.

análisis DAFO (Figura 8.1) como resumen y profundizar las posibilidades para una mayor implementación de las mismas.

2. DEBILIDADES DE LAS BIORREFINERÍAS

Las biorrefinerías, aunque prometedoras en la transición hacia la sostenibilidad y una bioeconomía circular, presentan debilidades que deben ser abordadas para su implementación efectiva. Algunas de estas debilidades pueden clasificarse en diferentes categorías:

Económicas

Altos costos de inversión y operación

- La construcción de una biorrefinería requiere una gran inversión en infraestructura y tecnologías avanzadas, lo cual puede ser un desafío, especialmente para las pequeñas y medianas empresas. Los costos operativos también pueden ser más altos que en las refinerías tradicionales, ya que muchas veces las tecnologías necesarias aún están en fase de desarrollo o son menos eficientes debido a que a menudo las materias primas (biomasa) requieren tratamientos complejos. También los costos de la biomasa pueden variar y ser significativos, dependiendo de la disponibilidad y la región.

Rentabilidad económica inciert.

- La rentabilidad de las biorrefinerías depende en gran medida de los precios fluctuantes de los productos finales (biocombustibles, químicos, etc.) y de las materias primas. En muchos casos, los productos derivados de biorrefinerías no pueden competir en precio con los derivados del petróleo, especialmente cuando los precios del crudo son bajos, y además estos están ampliamente establecidos en el mercado.

Dependencia de la disponibilidad de materias primas

- La eficiencia de las biorrefinerías depende de un suministro constante y confiable de biomasa, lo que puede verse afectado por factores como la estacionalidad, condiciones climáticas y competencia con otros usos (p. ej., alimentación). Muchas biorrefinerías dependen de materias primas específicas, como biomasa agrícola o residuos orgánicos, lo que puede generar vulnerabilidades si hay cambios en la disponibilidad de estas materias primas. La logística de transporte y almacenamiento de biomasa puede ser costosa y complicada.

Tecnológicas

Complejidad tecnológica

- Las biorrefinerías requieren procesos complejos y tecnologías específicas para convertir la biomasa en productos útiles. La optimización de estos procesos puede ser un desafío y requiere investigación y desarrollo continuo.

Tecnologías inmaduras

- Algunas tecnologías utilizadas en biorrefinerías aún están en etapas de desarrollo y no han alcanzado su plena madurez, lo que limita su eficiencia y escalabilidad. La conversión de biomasa en productos útiles puede ser técnicamente compleja y menos eficiente en comparación con los procesos petroquímicos tradicionales. Por ejemplo, algunos procesos pueden no lograr altos rendimientos de los productos deseados o requerir grandes cantidades de energía, lo que reduce la viabilidad económica de la biorrefinería.

Escalabilidad limitada

- Aunque algunas tecnologías de biorrefinerías están en desarrollo, su escalabilidad sigue siendo un desafío. En muchos casos, las plantas de pequeña escala no pueden alcanzar las economías de escala necesarias para competir por ejemplo con las refinerías tradicionales de petróleo y gas.

Adaptación a diferentes tipos de biomasa

- Las biorrefinerías pueden requerir adaptaciones y ajustes en sus procesos para utilizar diferentes tipos de biomasa, lo que puede generar costos adicionales y desafíos técnicos.

Limitaciones en la diversificación de productos

- Aunque las biorrefinerías buscan maximizar el valor de la biomasa produciendo múltiples productos (biocombustibles, químicos, materiales), no todas las instalaciones logran una diversificación óptima debido a limitaciones tecnológicas o de mercado.

Interdependencia tecnológica

- La eficiencia de las biorrefinerías depende en gran medida de avances en diferentes tecnologías, como la conversión de biomasa, la mejora genética de cultivos y la gestión de residuos. Si alguna de estas tecnologías no avanza al ritmo esperado, puede afectar la competitividad de la biorrefinería.

Integración con infraestructuras existentes

- La integración de biorrefinerías en las cadenas de suministro y distribución existentes puede ser complicada, especialmente en sectores dominados por los combustibles fósiles. Se requieren adaptaciones en infraestructuras de transporte, almacenamiento y distribución.

Ambientales

Impacto ambiental

- Algunas biorrefinerías pueden generar residuos y emisiones que requieren un tratamiento adecuado para evitar impactos negativos en el medio ambiente. Es importante evaluar y minimizar el consumo de agua y energía en los procesos de biorrefinería.

Es fundamental seguir investigando y desarrollando tecnologías que permitan superar estas debilidades y hacer de las biorrefinerías una alternativa viable y sostenible.

3. AMENAZAS Y BARRERAS AL DESARROLLO DE LAS BIORREFINERÍAS

Las biorrefinerías se enfrentan a diversas amenazas que pueden limitar su desarrollo y éxito a largo plazo. Estas amenazas provienen de factores externos, como el mercado, la competencia, las políticas y el entorno ambiental. Algunas de estas amenazas pueden clasificarse en diferentes categorías:

Competencia con los productos fósiles

- Los precios bajos del petróleo, el gas natural y el carbón pueden hacer que los productos de las biorrefinerías sean menos competitivos en el mercado. La infraestructura existente está altamente adaptada a los productos de origen fósil, lo que puede dificultar la entrada de alternativas basadas en biomasa.

Inestabilidad en los precios de las materias primas

- Los costos de las materias primas (biomasa) pueden variar significativamente debido a factores como la demanda agrícola, condiciones climáticas y políticas de uso de la tierra. Esto puede afectar la rentabilidad y estabilidad financiera de las biorrefinerías.

Competencia por el uso de las materias primas

- La biomasa utilizada en las biorrefinerías compite con otros usos, como la generación de energía directa (biomasa para quemar) o la producción de alimentos. Esto puede limitar el acceso a las materias primas y aumentar sus costos.

Riesgos en la inversión

- Las biorrefinerías son proyectos de alto riesgo debido a su dependencia de tecnologías emergentes, mercados inciertos y políticas cambiantes y a menudo requieren grandes inversiones iniciales y pueden no generar retornos inmediatos. Esto puede desincentivar a los inversores, especialmente en comparación con otras industrias más establecidas.

Dependencia de mercados volátiles

- Los productos de las biorrefinerías (como biocombustibles, bioplásticos o químicos) están sujetos a la volatilidad de los mercados globales, además de que los mercados de estos bioproductos aún se encuentran en desarrollo. La demanda de estos productos puede verse afectada por cambios en las preferencias de los consumidores o por crisis económicas.

Globalización y competencia internacional

- Las biorrefinerías en algunos países pueden enfrentarse a competencia desleal de regiones con menores costos de producción o estándares ambientales más laxos. Además, la importación de biocombustibles o bioproductos más baratos puede afectar a los productores locales.

Tecnológicas

Avances tecnológicos en energías alternativas

- El rápido desarrollo de otras tecnologías energéticas y de producción sostenible, como la energía solar, la energía eólica, el hidrógeno verde y la economía circular, podría reducir el interés en los biocombustibles y otros productos de las biorrefinerías. Estas alternativas podrían ser más eficientes o tener menores costos a largo plazo.

Falta de innovación

- Si no se logran avances en los procesos de conversión o si las tecnologías no son suficientemente rentables, las biorrefinerías pueden quedar rezagadas frente a la competencia de otras fuentes de energía o productos químicos.

Falta de infraestructura de distribución

- La falta de infraestructura adecuada para almacenar, transportar y distribuir los productos de las biorrefinerías puede limitar su acceso a mercados más amplios y retrasar la expansión y comercialización de los bioproductos.

Ambientales

Impactos del cambio climático

- El cambio climático puede afectar a la disponibilidad y calidad de la biomasa debido a sequías, inundaciones, plagas y otros fenómenos extremos. Esto podría aumentar los costos de producción y reducir la eficiencia de las biorrefinerías.

Sostenibilidad de la biomasa

- Es fundamental asegurar que la biomasa utilizada en las biorrefinerías se obtenga de manera sostenible, evitando la deforestación, la pérdida de biodiversidad, la contaminación del agua y el suelo debido al uso de fertilizantes y pesticidas, y la competencia con la producción de alimentos. El transporte de la biomasa puede generar emisiones de gases de efecto invernadero, lo que puede afectar la sostenibilidad general del proceso.

Escasez de agua

- Algunos cultivos utilizados como materia prima en biorrefinerías requieren grandes cantidades de agua, lo que puede ser un problema en regiones con estrés hídrico. Algunos procesos de biorrefinería son grandes demandantes de agua. Esto limita la ubicación y escalabilidad de las biorrefinerías.

Sociales y políticas

Cambios en políticas y subsidios

- Las biorrefinerías dependen en gran medida de incentivos gubernamentales, como subsidios, exenciones fiscales y mandatos de mezcla de biocombustibles. La falta de políticas y regulaciones claras y favorables o cambios puede dificultar el desarrollo de la industria de las biorrefinerías y generar incertidumbre para los inversores.

Regulaciones ambientales más estrictas

- Aunque las biorrefinerías buscan ser sostenibles, algunos procesos pueden generar emisiones o residuos que podrían enfrentarse a regulaciones más estrictas en el futuro. El cumplimiento de normativas ambientales podría aumentar los costos operativos.

Resistencia social y conflictos por el uso de la tierra

- La construcción de biorrefinerías puede generar controversia y oposición por parte de comunidades locales debido a preocupaciones sobre el uso de la tierra, el impacto ambiental o la competencia con otras actividades económicas. La percepción pública sobre los biocombustibles y bioproductos puede ser negativa debido a preocupaciones sobre su sostenibilidad o su impacto en la producción de alimentos, lo que puede afectar la demanda y el apoyo a las biorrefinerías

Presión de grupos ambientalistas

- Movimientos sociales y activistas medioambientales critican el uso de cultivos alimentarios para biocombustibles o los impactos negativos asociados con la expansión de monocultivos. Esto puede generar oposición pública y afectar a la reputación de las biorrefinerías.

Estas amenazas indican que, aunque las biorrefinerías tienen un gran potencial, deben superar desafíos económicos, sociales, tecnológicos y ambientales para poder competir a largo plazo y alcanzar su máximo potencial en un mundo en transición hacia la sostenibilidad.

4. FORTALEZAS DE LAS BIORREFINERÍAS

Las biorrefinerías no son solo fábricas que convierten recursos biomásicos en productos valiosos; son sistemas integrados que deben aplicar los principios de la sostenibilidad, la innovación y la eficiencia para abordar los retos de la sociedad. Gracias a su versatilidad y capacidad para transformar distintas biomasas en energía y una gran variedad de materiales y productos químicos, las biorrefinerías son fundamentales para alcanzar los objetivos de descarbonización, desarrollo rural y transición hacia una economía circular. A continuación, se van a explorar en detalle las principales fortalezas de las biorrefinerías, conectándolas con conceptos y ejemplos clave abordados en capítulos anteriores.

Reducción de emisiones: una apuesta por la “desfosilización”

El cambio climático es uno de los mayores desafíos de nuestra era, y las biorrefinerías están llamadas a jugar un papel esencial en su mitigación. Al reemplazar materias primas fósiles por biomasa renovable, las biorrefinerías pueden reducir significativamente las emisiones de GEI y jugar un papel clave en la transición hacia sistemas de energía limpia y descentralizada. Tal como se analiza en el capítulo 5, el ACV muestra que productos como el bioetanol pueden ayudar por ejemplo a disminuir las emisiones en comparación con la gasolina convencional. Un estudio reciente muestra que los productos a partir de biomasa pueden reducir las emisiones de GEI en promedio un 45 % a lo largo de su ciclo de vida en comparación con los productos fósiles (Zuiderveen *et al.*, 2023). No obstante, estos beneficios pueden venir acompañados de impactos negativos en otras áreas, como por ejemplo eutrofización (enriquecimiento de nutrientes en cuerpos de agua debido al uso de fertilizantes).

Un aspecto crucial en esta reducción de emisiones es la diferencia entre el CO_2 biogénico y el CO_2 fósil (Figura 8.2). Cuando se quema biomasa o productos derivados de biorrefinerías, el CO_2 liberado se considera biogénico, ya que proviene de la biomasa que previamente absorbió ese carbono de la atmósfera durante su crecimiento (ciclo natural del carbono), cerrando así el ciclo del carbono en lugar de aumentar la concentración neta de CO_2 en la atmósfera. Por ejemplo, el carbono capturado por un cultivo agrícola durante su crecimiento es el mismo que se libera al quemar bioetanol producido a partir de esa biomasa. En cambio, el CO_2 fósil procede de recursos como el petróleo, cuyo carbono ha estado almacenado durante millones de años. Liberarlo a la atmósfera contribuye al aumento neto de CO_2 y, por ende, al cambio climático. Este enfoque demuestra que las biorrefinerías pueden ser aliadas clave para alcanzar la neutralidad en carbono y reducir la dependencia de combustibles fósiles (Comisión Europea, 2018).

Aprovechamiento de residuos: de problema a recurso

Uno de los grandes problemas que enfrenta nuestra sociedad es la acumulación de residuos, en muchas ocasiones de origen biológico y que se pueden transformar en material primas valiosas. Como se ha visto en capítulos anteriores, las biorrefinerías tienen la capacidad de convertir gran cantidad de desechos de nuestras actividades económicas (capítulo 2) en productos con múltiples aplicaciones (capítulo 4), promoviendo la economía circular. Residuos agrícolas como los del olivar, los forestales como la poda, e incluso los residuos sólidos urbanos, pueden convertirse en bioplásticos, fertilizantes orgánicos o bioenergía. Un ejemplo destacado,

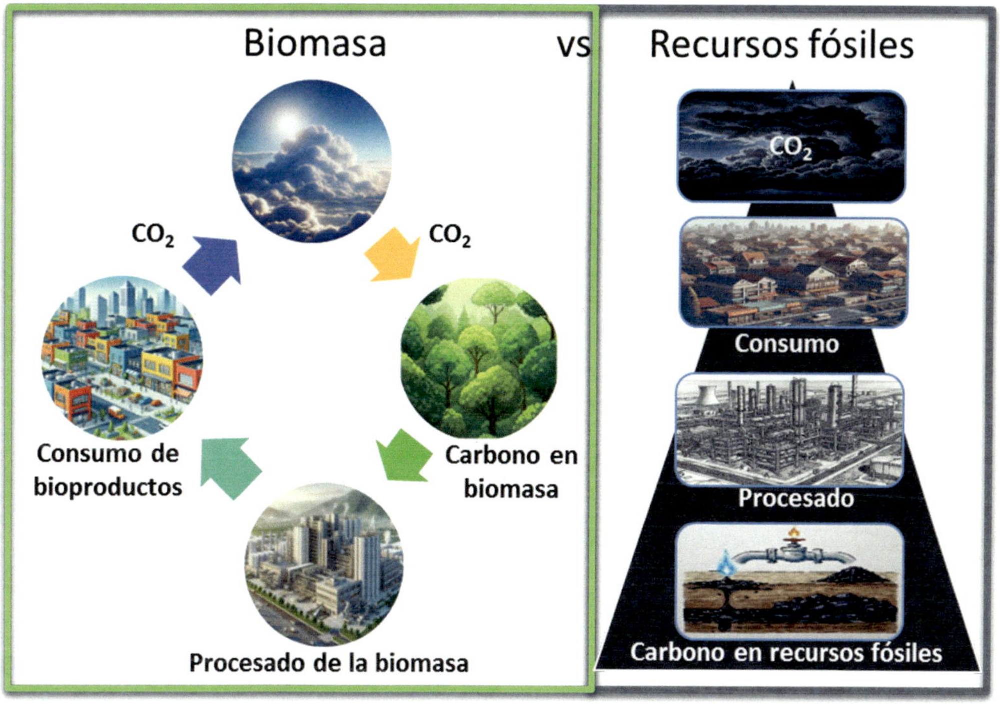

FIGURA 8.2.
Biomasa (CO_2 biogénico) frente a recursos fósiles (CO_2 fósil).

abordado en el capítulo 7, es el potencial de Jaén, donde los residuos del olivar representan un recurso abundante. En lugar de desechar alperujo y otros subproductos, una biorrefinería podría transformarlos en bioetanol, *pellets* de biomasa o incluso bioplásticos biodegradables. Este modelo no solo reduce el impacto ambiental de los residuos y su gestión, sino que también crea nuevas oportunidades económicas.

Además, el aprovechamiento de residuos biomásicos domésticos para la producción de biocombustibles, materiales y químicos permite reducir la dependencia de combustibles fósiles. Este cambio no solo contribuye a mitigar el impacto ambiental asociado al uso de petróleo y gas natural, sino que también fortalece la independencia energética de los países. Según el Instituto Nacional de Estadística (INE), en 2019 la dependencia energética exterior de España se situó en el 73,9 %, lo que indica que aproximadamente tres cuartas partes de la energía consumida en el país fueron importadas (INE, 2019) lo que representa una vulnerabilidad económica y geopolítica. Al impulsar las biorrefinerías, se fomenta el uso de recursos locales, disminuyendo la necesidad de importaciones y fortaleciendo las cadenas de suministro internas. Este modelo no solo es más sostenible, sino que también promueve un sistema energético y productivo más resiliente frente a crisis globales.

Un aspecto muy importante es que las biorrefinerías representan una oportunidad única para revitalizar las comunidades rurales, muchas de las cuales enfrentan desafíos como la despoblación, el envejecimiento de la población y la falta de oportunidades económicas diversificadas. Según un informe de la Agencia Internacional de Energía Renovable (IRENA, 2019) estas instalaciones contribuyen significativamente a reducir las desigualdades territoriales mediante la creación de empleo y el impulso de la bioeconomía.

La capacidad de las biorrefinerías para aprovechar los recursos locales y convertirlos en productos útiles genera un impacto económico directo e indirecto que va mucho más allá de la planta en sí. La instalación y operación de una biorrefinería en una zona rural no solo crea empleo directo en áreas como producción, mantenimiento y logística, sino que también genera oportunidades indirectas en sectores relacionados. Por ejemplo, agricultores y cooperativas locales se pueden beneficiar al comercializar sus residuos agrícolas, como paja, cáscaras o podas. Además, empresas de transporte y logística encuentran nuevas rutas para movilizar biomasa desde los campos hasta las biorrefinerías.

También las biorrefinerías introducen nuevas tecnologías y modelos de negocio en zonas donde históricamente han predominado actividades agrícolas tradicionales. Esto promueve la capacitación de la población local, desde el manejo de maquinaria especializada hasta la operación de sistemas de control automatizados. Estas competencias tecnológicas no solo benefician a los trabajadores en la biorrefinería, sino que también incrementan el atractivo de la región para futuras inversiones industriales. Un ejemplo destacado es Andalucía, donde las biorrefinerías enfocadas en residuos del olivar han fomentado la colaboración entre universidades y empresas locales para desarrollar tecnologías innovadoras de conversión, como la producción de bioplásticos biodegradables. Este tipo de proyectos, analizados en el capítulo 7, generan sinergias entre investigación y práctica, impulsando un ecosistema de innovación.

Uno de los mayores desafíos de las comunidades rurales en España es el éxodo de población hacia las ciudades en busca de mejores oportunidades. Al proporcionar empleo y fomentar nuevas fuentes de ingresos, las biorrefinerías contribuyen directamente a frenar este fenómeno. Además, al establecer cadenas de valor que integran la producción local, las biorrefinerías no solo ofrecen una solución económica, sino también social.

- Un ejemplo es la planta de biogás de Vilches, en Jaén, que transforma residuos orgánicos de origen agroindustrial y ganadero, como los excrementos de cerdos, en biometano y fertilizantes orgánicos. Este proyecto, liderado por Genia Bioenergy en colaboración con Repsol, no solo genera empleo directo en la planta, sino que también promueve actividades de gestión sostenible de residuos, lo que contribuye a la mejora ambiental y a la economía circular en la región. Al integrar recursos locales, esta planta demuestra que las biorrefinerías pueden ser una solución sostenible para los desafíos económicos y medioambientales de las zonas rurales.

Flexibilidad tecnológica: múltiples caminos hacia la sostenibilidad

Una de las grandes fortalezas de las biorrefinerías, tal como se explica en el capítulo 3, es su capacidad para integrar diversas tecnologías de conversión. Procesos termoquímicos como la gasificación y pirólisis, procesos bioquímicos como la fermentación, y procesos físico-químicos como la extracción, se combinan para maximizar la eficiencia y adaptarse a diferentes materias primas. Esto significa que una biorrefinería puede procesar tanto biomasa lignocelulósica (residuos forestales) como aceites residuales (de cocina o industriales), dependiendo de la disponibilidad local. Por ejemplo, en regiones con alta producción de cultivos energéticos, se puede priorizar la producción de bioetanol, mientras que, en zonas urbanas con abundancia de residuos orgánicos, se podría generar por ejemplo biogás. Las biorrefinerías destacan como un modelo industrial versátil, eficiente y sostenible, capaz de aprovechar las oportunidades descritas en capítulos previos. Desde la reducción de emisiones hasta la revitalización económica de zonas rurales, su implementación es una pieza clave para construir un futuro más limpio, circular y equitativo.

5. OPORTUNIDADES Y TENDENCIAS PARA LA BIOINDUSTRIA EN ESPAÑA

España tiene un gran potencial para posicionarse como líder en la bioindustria, gracias a su abundancia de biomasa residual, el desarrollo de tecnologías innovadoras y el apoyo de iniciativas internacionales. Las biorrefinerías no solo representan una oportunidad económica, sino también un instrumento clave para cumplir con los objetivos de descarbonización y neutralidad climática. A continuación, exploramos las principales oportunidades y tendencias para este sector.

Abundancia de biomasa residual

Como se explicó en el capítulo 2, España genera grandes cantidades de biomasa residual de actividades agrícolas, forestales y urbanas. Residuos del olivar, la vid y los cereales, junto con restos forestales y sólidos urbanos, constituyen una fuente de materia prima a menudo infrautilizada que puede transformarse en bioproductos de alto valor añadido. Por ejemplo, en Andalucía, el alperujo, un subproducto del olivar, representa un desafío ambiental significativo. Sin embargo, como se analiza en el capítulo 7, este residuo podría utilizarse para producir bioetanol, bioplásticos biodegradables y fertilizantes orgánicos, ayudando a reducir la presión ambiental mientras se generan nuevas oportunidades económicas.

Potencial en zonas rurales

Las biorrefinerías son motores de desarrollo económico para comunidades rurales que enfrentan desafíos como la despoblación y la falta de empleo. En el capítulo 3, se destacó cómo las biorrefinerías pueden aprovechar diversas tecnologías de conversión para procesar recursos locales. Esto permite diversificar las economías rurales, creando empleo estable y fomentando la cohesión territorial. Estas instalaciones no solo benefician a los agricultores, al proporcionarles una nueva fuente de ingresos al comercializar sus residuos, sino que también fortalecen las cadenas de valor locales.

Inversiones en I+D

España cuenta con universidades y centros de investigación punteros enfocados en desafíos relacionados con biotecnología y bioeconomía, como se detalla en el capítulo 6, donde se analizan proyectos innovadores en este campo. Estas instituciones están desarrollando tecnologías para optimizar la conversión de biomasa y la producción de bioproductos avanzados, como bioplásticos biodegradables y biocombustibles avanzados. La transferencia de conocimiento entre la academia y la industria es clave para posicionar a España como un referente en bioeconomía.

Además, como se destacó en el capítulo 4, los bioproductos no solo tienen aplicaciones industriales, sino también un gran potencial en mercados emergentes, desde materiales sostenibles hasta combustibles de aviación. Esto abre nuevas oportunidades para empresas españolas que inviertan en investigación e innovación tecnológica.

Tecnologías de captura y almacenamiento de carbono

Una de las grandes oportunidades para el desarrollo de las biorrefinerías estará impulsada por la creciente necesidad de eliminar CO_2 de la atmósfera para alcanzar los ambiciosos objetivos climáticos establecidos en acuerdos internacionales como el Acuerdo de París. Aunque la reducción de emisiones es esencial, no será suficiente para limitar el calentamiento global por debajo de los 1,5° C; será necesario complementar estas acciones con tecnologías capaces de generar emisiones negativas.

En este contexto, las biorrefinerías pueden desempeñar un papel clave al integrarse con tecnologías de captura y almacenamiento de carbono (BECCS, por sus siglas en inglés), que permiten capturar el CO_2 liberado durante los procesos de conversión de biomasa y almacenarlo de forma segura en formaciones geológicas. Este enfoque no solo convierte a las biorrefinerías en herramientas estratégicas para combatir el cambio climático, sino que también posiciona a España como un potencial líder en soluciones tecnológicas avanzadas, atrayendo inversiones internacionales y fomentando el desarrollo de una bioeconomía sostenible. Aunque en España todavía no existen proyectos que integren BECCS en biorrefinerías, esta tecnología ya está siendo implementada en algunos países europeos, como en el caso de Suecia o Reino Unido, donde plantas de bioenergía han logrado capturar miles de toneladas de CO_2 anuales.

Apoyo de políticas y regulaciones

La UE está impulsando la transición hacia una economía sostenible a través de políticas clave como el Pacto Verde Europeo y el programa Horizon Europe, que establecen metas como la neutralidad climática para 2050. Estas iniciativas ofrecen recursos financieros significativos para fomentar tecnologías sostenibles, incluyendo biorrefinerías. Por ejemplo, el programa Horizon Europe ha destinado más de 10.000 millones de euros a proyectos de energía limpia, economía circular y captura de carbono, áreas esenciales para el desarrollo de la bioeconomía. Instrumentos como el Fondo de Innovación Europeo también son clave para financiar tecnologías de bajas emisiones, como la captura de carbono y los biocombustibles avanzados. En España, se han citado varios proyectos como caso de éxito en el capítulo 7, proyectos como CLAMBER en Castilla-La Mancha han demostrado que este respaldo europeo puede promover la colaboración entre instituciones públicas y privadas. El apoyo europeo no solo proporciona financiación, sino también un marco normativo que incentiva la innovación, fortaleciendo la competitividad del sector. Este respaldo posiciona a España como un actor clave en la bioeconomía y en la transición hacia un modelo económico más sostenible y resiliente.

Creciente demanda social de productos bio-basados

A nivel global, la demanda de productos bio-basados está experimentando un crecimiento importante, impulsada por la necesidad de reducir la dependencia de recursos fósiles y minimizar el impacto ambiental de la producción industrial. Bioproductos como los bioplásticos, el bioetanol avanzado y los biopolímeros se están posicionando como alternativas sostenibles en sectores como el embalaje, la automoción y la energía. España, con su amplia disponibilidad de biomasa residual y su proximidad a los principales mercados europeos, tiene una oportunidad estratégica para liderar este sector. Por ejemplo, la industria de los bioplásticos biodegradables está ganando terreno en la UE, donde se están implementando regulaciones estrictas contra los plásticos de un solo uso. Esta tendencia genera una demanda creciente que España podría aprovechar al integrar sus capacidades agrícolas y tecnológicas en la producción de materiales bio-basados.

Además, el bioetanol avanzado, producido a partir de residuos agrícolas como paja y cáscaras, tiene un gran potencial para descarbonizar el sector del transporte. De forma similar, el biogás, obtenido a partir de residuos agroindustriales y urbanos, está ganando un interés estratégico, como fuente de energía renovable para sectores difíciles de electrificar. Con el objetivo de la UE de alcanzar un 14 % de combustibles renovables en el transporte para 2030, España, gracias a su abundancia de biomasa residual, tiene el potencial de posicionarse como un actor destacado en la producción de estos biocombustibles avanzados. Al maximizar el uso de recursos locales y reducir la dependencia de combustibles fósiles importados, el país no solo contribuiría a los objetivos climáticos europeos, sino que también fortalecería su independencia energética y crearía nuevas oportunidades económicas en zonas rurales.

6. MATRIZ DAFO

Para finalizar el capítulo en forma de resumen gráfico de los puntos clave, en la Figura 8.3 se muestra la matriz DAFO sobre el desarrollo de la biorrefinería en el que se recogen las principales debilidades, amenazas, fortalezas y oportunidades descritas a lo largo del capítulo.

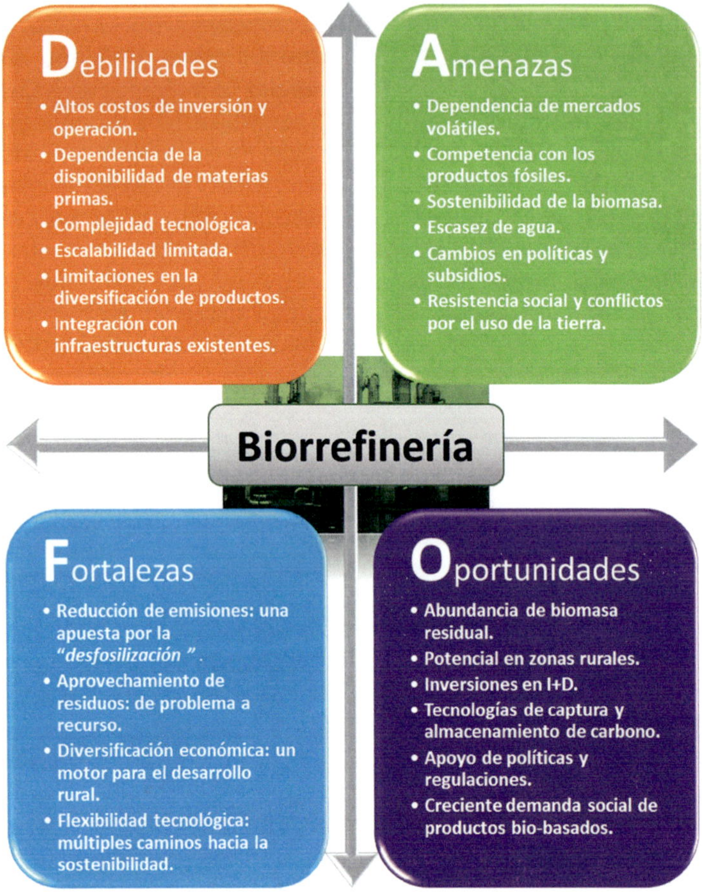

FIGURA 8.3.
Matriz DAFO de una biorrefinería.

CONCLUSIONES

1. Las biorrefinerías enfrentan barreras económicas y tecnológicas, pero su potencial para reducir emisiones y gestionar residuos las hace estratégicas.
2. La competencia con los fósiles y la volatilidad de precios son amenazas críticas, mitigables con políticas estables e incentivos.
3. Su mayor fortaleza es la versatilidad: transforman biomasa diversa en energía, químicos y materiales, impulsando la economía circular.
4. España tiene ventajas únicas (residuos agrícolas, olivar) para liderar la bioindustria, pero requiere más inversión en I+D e infraestructuras.
5. El apoyo de la UE (Pacto Verde, Horizon Europe) y la demanda global de bioproductos abren oportunidades para escalar proyectos.
6. La integración con tecnologías de captura de carbono (BECCS) podría posicionar a las biorrefinerías como pilares de la neutralidad climática.

BIBLIOGRAFÍA

Zuiderveen, E. A. R., Kuipers, K. J. J., Caldeira, C., Hanssen, S. V., Van der Hulst, M. K., De Jonge, M. M. J., Vlysidis, A., Van Zelm, R., Sala, S. y Huijbregts, M. A. J. (2023): "The potential of emerging bio-based products to reduce environmental impacts". *Nature Communications*, 14(1), 8521.

Informes, estrategias y documentos institucionales:

Comisión Europea (2018): "A sustainable bioeconomy for Europe – strengthening the connection between economy, society and the environment: updated bioeconomy strategy". https://eur-lex.europa.eu/legal-content/EN/TXT/?uri=CELEX%3A52018DC0673

Comisión Europea (2022): "Informe de situación de la Estrategia de Bioeconomía de la UE. Política europea de bioeconomía: balance y evolución futura". https://eur-lex.europa.eu/legal-content/ES/TXT/PDF/?uri=CELEX:52022DC0283

Desarrollo sostenible de las Naciones Unidas (2025): "Make the SDGS a reality". https://sdgs.un.org/?_gl=11qli1zt_gaMTk2MDkwMjYxMy4xNzM4Nzg3NDYw_ga_TK9BQL5X7Z*MTczODc4NzQ1OS4xLjEuMTczODc4ODQ1Ny4wLjAuMA

IEA. International Energy Agency (2021): "Bioenergy Power Generation". https://www.iea.org/reports/bioenergy-power-generation

INE. Instituto Nacional de Estadística (2019): https://www.ine.es/

IRENA. International Renewable Energy Agency (2019): "Advanced biofuels: What holds them back?". https://www.irena.org/-/media/Files/IRENA/Agency/Publication/2019/Nov/IRENA_Advanced-biofuels_2019.pdf

OECD. Organización para la Cooperación y Desarrollo Económico (2009): "The bioeconomy to 2030: Designing a Policy Agenda". https://www.oecd.org/en/publications/the-bioeconomy-to-2030_9789264056886-en.html

World Economic Forum (2024): "¿Qué es la bioeconomía y cómo puede impulsar el desarrollo sostenible?". https://es.weforum.org/stories/2024/07/que-es-la-bioeconomia-y-como-puede-impulsar-el-desarrollo-sostenible/

RESUMEN

Las biorrefinerías son fundamentales para la transición hacia una bioeconomía sostenible y circular, buscando reducir la dependencia de combustibles fósiles y minimizar el impacto ambiental, diversificando la producción hacia bioplásticos, solventes, adhesivos y biomateriales. A pesar de su potencial, enfrentan desafíos como la escalabilidad comercial debido a los altos costos de inversión y la incertidumbre en la demanda, requiriendo políticas públicas que incentiven su desarrollo. En España, el desarrollo de biorrefinerías es una oportunidad estratégica, dada la abundancia de biomasa (residuos agrícolas, forestales, ganaderos, industriales y urbanos) y las capacidades científico-tecnológicas existentes. Sin embargo, persisten barreras económicas, regulatorias y tecnológicas, así como la competencia con productos fósiles y la falta de conciencia social. Se proyecta un crecimiento del mercado de biocombustibles y bioproductos, con España como un actor clave, siempre que se invierta en I+D+i y se fortalezcan las políticas de apoyo. Las biorrefinerías contribuyen significativamente a los Objetivos de Desarrollo Sostenible (ODS), especialmente al ODS 7 (energía asequible y no contaminante), ODS 1 (fin de la pobreza), ODS 2 (hambre cero), ODS 8 (trabajo decente y crecimiento económico), ODS 12 (producción y consumo responsables) y ODS 13 (acción por el clima).

09
FUTURO DE LAS BIORREFINERÍAS

José María Fernández Sevilla[1]
Francisco Gabriel Acién Fernández[1]
Irene Gómez Cruz[2]

1. VISIÓN FUTURA DE LAS BIORREFINERÍAS Y LA BIOECONOMÍA

El desarrollo de las biorrefinerías es un elemento clave en la transición hacia una bioeconomía sostenible y circular, cuyo objetivo es reducir la dependencia de los combustibles fósiles y minimizar el impacto ambiental de la producción industrial. La Figura 9.1 resume los principales aspectos que definen una biorrefinería, incluyendo las materias primas, procesos y productos más relevantes. En los próximos años, se espera que las biorrefinerías evolucionen más allá de la producción de biocombustibles, diversificándose hacia la fabricación de productos bio-basados, como bioplásticos, solventes, adhesivos y biomateriales. Este enfoque está alineado con las estrategias globales para combatir el cambio climático y reducir las emisiones de gases de efecto invernadero.

1. Universidad de Almería.
2. Universidad de Jaén.

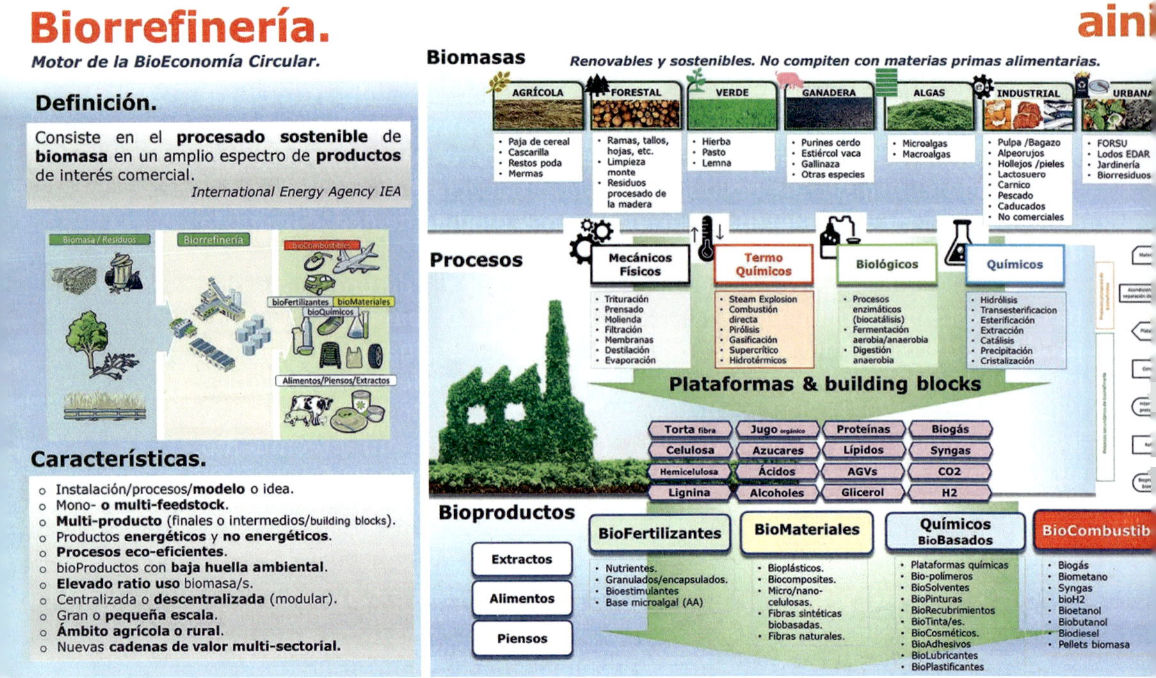

FIGURA 9.1.

Principales aspectos que definen una Biorrefinería incluyendo las materias primas, procesos y productos más relevantes (Pascual y Vargas, 2018).

Uno de los principales desafíos que enfrentan las biorrefinerías es su escalabilidad comercial. A pesar del crecimiento de proyectos piloto y plantas de demostración, la conversión a una producción a gran escala sigue siendo lenta debido a los altos costos de inversión y la incertidumbre en la demanda del mercado. La implementación de políticas públicas y regulaciones que incentiven el desarrollo de la bioeconomía será fundamental para superar estas barreras. La UE, por ejemplo, ha impulsado diversas iniciativas para fomentar la investigación y el desarrollo de tecnologías de biorrefinería mediante programas de financiamiento y marcos regulatorios que promuevan la transición energética (Arias *et al.*, 2023).

En términos tecnológicos, las biorrefinerías del futuro estarán marcadas por avances en procesos de conversión más eficientes y sostenibles. Se espera una mayor integración de la fermentación enzimática y microbiana para mejorar la conversión de biomasa en bioquímicos de alto valor. Asimismo, las tecnologías termoquímicas, como la pirólisis y la gasificación, permitirán la obtención de biocombustibles avanzados y productos químicos renovables a partir de residuos lignocelulósicos y urbanos. Estas innovaciones permitirán una mayor eficiencia en el uso de la biomasa, reduciendo la generación de residuos y optimizando el aprovechamiento energético.

Otro aspecto fundamental en el futuro de las biorrefinerías será su integración con otras industrias. Sectores como el papel y la pulpa, la química y la agroindustria podrán aprovechar sus infraestructuras existentes para desarrollar biorrefinerías en sus procesos productivos. Un ejemplo destacado es el caso de Suecia, donde el sector forestal está explorando el uso de sus residuos para la producción de bioplásticos y bioadhesivos, en un esfuerzo por diversificar su modelo de negocio ante la disminución de la demanda de papel.

Desde una perspectiva de mercado, la demanda de productos bio-basados está en crecimiento. Se estima que para 2030, más del 90 % de los productos derivados del petróleo podrían tener una alternativa bio-basada, incluyendo combustibles, productos químicos y materiales biodegradables (Shahid *et al.*, 2021). En particular, el mercado de los bioplásticos y los biocombustibles avanzados está experimentando un crecimiento significativo, impulsado por regulaciones ambientales más estrictas y una mayor conciencia del consumidor sobre la sostenibilidad.

2. PERSPECTIVAS DE DESARROLLO EN ESPAÑA

El desarrollo de las biorrefinerías en España representa una oportunidad estratégica para avanzar hacia una bioeconomía sostenible, reducir la dependencia de recursos fósiles y fortalecer la competitividad de la industria nacional. Diversos estudios y documentos gubernamentales destacan el potencial del país para consolidarse como un actor clave en la producción de biocombustibles avanzados, bioplásticos y otros productos bio-basados, gracias a su abundancia de biomasa y capacidades científicas y tecnológicas.

2.1 Recursos y potencial de las biorrefinerías en España

España cuenta con una gran diversidad de recursos biomásicos que pueden ser aprovechados en biorrefinerías para la producción de biocombustibles, bioquímicos y biomateriales. Entre estos recursos destacan los residuos agrícolas, forestales, ganaderos, industriales y urbanos, que en su mayoría están infrautilizados. Según el *Manual sobre las Biorrefinerías en España*, la biomasa disponible en el país podría satisfacer una parte significativa de la demanda de productos bio-basados, reduciendo la dependencia de recursos fósiles y aumentando la competitividad del sector energético y químico (MINECO, 2017). En particular, los residuos lignocelulósicos, como la paja de trigo, el bagazo de caña y los restos de poda, tienen un gran potencial para la producción de bioetanol, biogás y bioplásticos. Asimismo, los residuos de la industria agroalimentaria y pesquera pueden ser valorizados para la obtención de biofertilizantes, biotensioactivos y proteínas alternativas (Tabla 9.1).

Tabla 9.1.
Biomasa potencial susceptible de implantación en España (MITECO, 2020).

Biomasa potencial disponible en España - Cultivos		
Procedencia	Biomasa (t/año)	Biomasa (tep/año)
Masas herbáceas susceptibles de implantación en terreno agrícola	17.737.868	3.593.148
Masas leñosas susceptibles de implantación en terreno agrícola	6.598.861	1.468.173
Masas leñosas susceptibles de implantación en terreno forestal	15.072.320	1.782.467
Total biomasa potencial en España – Cultivos	39.409.049	6.843.788

Biomasa potencial disponible en España - Cultivos			
Procedencia		Biomasa (t/año)	Biomasa (tep/año)
Restos agrícolas	Herbáceos	14.434.566	6.392.631
	Leñosos	16.118.220	
Total biomasa potencial en España – Residuos agrícolas		30.552.786	6.392.631

Biomasa potencial disponible en España – Aprovechamiento y residuos forestales			
Procedencia		Biomasa (t/año)	Biomasa (tep/año)
Masas forestales existentes	Aprovechamiento del árbol completo	15.731.116	3.414.158
	Restos de aprovechamientos madereros	2.984.243	636.273
Total biomasa potencial en España – Aprovechamiento y residuos forestales		18.715.359	4.050.431

Otro recurso clave para el desarrollo de biorrefinerías en España son los aceites vegetales y grasas animales, que pueden utilizarse para la producción de biodiésel y otros biocombustibles avanzados. España es uno de los principales productores de aceite de oliva y girasol en Europa, lo que proporciona una fuente sostenible de materia prima para la industria bioenergética. Además, el potencial del biogás generado a partir de residuos ganaderos y urbanos es significativo, ya que el país cuenta con una gran cantidad de explotaciones agropecuarias y plantas de tratamiento de residuos orgánicos. El aprovechamiento de estos subproductos no solo reduciría la contaminación ambiental, sino que también ayudaría a cumplir con los objetivos de descarbonización y transición energética impulsados por la UE.

El desarrollo de biorrefinerías en España también se ve favorecido por la disponibilidad de infraestructura y capacidades científico-tecnológicas. El país cuenta con centros de investigación de referencia en bioeconomía y biotecnología, como el Instituto Nacional de Investigación y Tecnología Agraria y Alimentaria (INIA) y el Centro Nacional de Energías Renovables (CENER), que trabajan en la mejora de procesos de valorización de biomasa. Además, existen plataformas tecnológicas y programas de innovación, como BIOPLAT y SusChem-España, que fomentan la colaboración entre la industria, el sector académico y el Gobierno para impulsar el desarrollo de biorrefinerías a nivel nacional. Sin embargo, para consolidar este sector, es necesario fortalecer los incentivos económicos y la integración de la bioeconomía en las estrategias de desarrollo industrial del país, asegurando así su viabilidad a largo plazo.

2.2 Tecnologías emergentes y modelos de biorrefinería

El desarrollo de las biorrefinerías en España está impulsado por la evolución de diversas tecnologías de conversión de biomasa, que permiten la obtención de bioproductos con alto valor añadido y biocombustibles avanzados. Actualmente, se están implementando procesos biotecnológicos y termoquímicos de última generación para maximizar la eficiencia en la valorización de la biomasa disponible. Entre las tecnologías más prometedoras se encuentran la fermentación microbiana y enzimática, utilizadas para la conversión de azúcares en bioetanol, ácido succínico y otros bioproductos químicos, y los procesos de pirólisis y gasificación, que permiten transformar residuos lignocelulósicos en biocombustibles líquidos y gaseosos. Estas innovaciones facilitan la diversificación de los productos obtenidos en las biorrefinerías, reduciendo la dependencia de materias primas fósiles y promoviendo una bioeconomía circular.

En España, existen distintos modelos de biorrefinería en función del tipo de materia prima utilizada y de los productos generados. Las biorrefinerías de lignocelulosa se centran en la transformación de residuos agrícolas y forestales en bioetanol y bioplásticos, mientras que las biorrefinerías de aceites y lípidos se enfocan en la producción de biodiésel a partir de aceites vegetales y grasas animales (Vidal, 2016). Además, están cobrando relevancia las biorrefinerías de biogás, que convierten residuos orgánicos en metano y biofertilizantes, y las biorrefinerías de gas de síntesis, que emplean procesos termoquímicos para la obtención de hidrógeno verde y otros combustibles sintéticos. Estos modelos permiten adaptar la producción a las necesidades del mercado y a las características de los recursos disponibles en cada región.

La integración de tecnologías emergentes en las biorrefinerías españolas también incluye el uso de procesos de extracción sostenible de bioactivos, que emplean disolventes benignos y métodos de intensificación de procesos para recuperar compuestos de alto valor a partir de residuos agroindustriales. Asimismo, se están explorando sistemas de electrólisis y conversión catalítica para transformar biomasa en productos químicos avanzados, como bioplásticos biodegradables y biolubricantes. A medida que estas tecnologías se optimicen y se reduzcan los costos de producción, se espera que las biorrefinerías en España se expandan y se consoliden como un pilar fundamental de la economía circular y la transición energética.

2.3 Desafíos y barreras para su desarrollo

A pesar del enorme potencial de las biorrefinerías en España, su desarrollo enfrenta una serie de desafíos económicos, regulatorios, tecnológicos y de mercado que dificultan su implementación a gran escala (Figura 9.2). Estos obstáculos deben ser abordados mediante políticas adecuadas, inversión en I+D+i y la creación de un marco normativo más favorable que impulse la bioeconomía y la transición hacia una producción más sostenible.

FIGURA 9.2.
Principales desafíos y barreras para el desarrollo de las biorrefinerías en España.

Desafíos económicos y financieros

- Uno de los principales retos para el crecimiento de las biorrefinerías en España es la falta de financiación y los altos costos de inversión inicial. La construcción y operación de estas instalaciones requieren grandes inversiones en infraestructura y tecnología, lo que representa una barrera para su escalabilidad. Además, los costos de producción de bioproductos y biocombustibles siguen siendo elevados en comparación con los productos derivados del petróleo, lo que dificulta su competitividad en el mercado. Otro factor económico clave es la falta de incentivos financieros y mecanismos de apoyo, como subvenciones, créditos blandos o exenciones fiscales que promuevan la inversión privada en biorrefinerías. Mientras que en otros países europeos existen estrategias de financiamiento más estructuradas, en España la inversión en bioeconomía sigue siendo limitada y fragmentada. Para acelerar el desarrollo del sector, es fundamental que el Gobierno y las instituciones financieras faciliten el acceso a fondos europeos, como el Fondo de Innovación del Mecanismo de Recuperación y Resiliencia, y fomenten la colaboración público-privada.

Barreras regulatorias y normativas

- El marco regulador en España sigue siendo complejo y poco homogéneo, lo que genera incertidumbre para los inversores y ralentiza la implantación de biorrefinerías. Existen diferencias significativas en la legislación autonómica y nacional, especialmente en lo que respecta a la gestión y valorización de residuos biomásicos, la fiscalidad de los bioproductos y los criterios de sostenibilidad aplicables a los biocombustibles (Cabello, 2021). Además, los procesos de autorización y permisos para la construcción de biorrefinerías suelen ser largos y burocráticos, lo que retrasa la implementación de proyectos y desalienta la inversión. En comparación con otros países de la UE, como Suecia o Alemania, donde las políticas de bioeconomía están más consolidadas y armonizadas, España aún necesita desarrollar un marco normativo más claro y estable que impulse la competitividad del sector (Palgan y McCormick, 2016).

Limitaciones tecnológicas y barreras a la innovación

- Aunque España cuenta con centros de investigación de referencia en bioeconomía, sigue habiendo una brecha entre el desarrollo tecnológico y la implementación industrial de biorrefinerías. Muchas de las tecnologías emergentes, como la fermentación enzimática, la pirólisis avanzada y la gasificación de biomasa, aún no han alcanzado una madurez tecnológica suficiente para ser aplicadas a escala industrial de manera rentable. Asimismo, el sector enfrenta desafíos relacionados con la disponibilidad y logística de la biomasa, ya que la recolección, transporte y almacenamiento de residuos agrícolas y forestales sigue siendo costosa y poco eficiente. La falta de infraestructura específica para la biomasa dificulta el suministro continuo de materia prima para las biorrefinerías, lo que limita su viabilidad operativa. Para superar este obstáculo, es necesario desarrollar sistemas de logística más eficientes y promover la creación de centros de acopio y pretratamiento de biomasa a nivel regional.

Competencia con combustibles fósiles y bioproductos convencionales

- Otro gran desafío para la expansión de las biorrefinerías en España es la competencia con los productos derivados del petróleo y los combustibles fósiles, que todavía cuentan con subvenciones y ventajas económicas que los hacen más accesibles en el mercado. A pesar del creciente interés por los biocombustibles avanzados y los bioplásticos biodegradables, la demanda sigue siendo baja debido a su mayor costo de producción y distribución. Para fomentar un mercado más favorable para los bioproductos, se requieren estrategias como la fijación de precios del carbono, incentivos a la compra de productos bio-basados y la promoción de acuerdos comerciales entre productores de biomasa, industrias químicas y el sector energético. En este sentido, el desarrollo de normas de certificación y etiquetado ecológico podría ayudar a generar confianza en los consumidores y aumentar la demanda de productos sostenibles.

Falta de conciencia y apoyo social

- A pesar de los beneficios ambientales y económicos que ofrecen las biorrefinerías, aún existe desconocimiento y resistencia en algunos sectores industriales y en la sociedad. La transición hacia una bioeconomía requiere cambios en los hábitos de consumo y en los modelos de producción, lo que puede generar reticencias por parte de las empresas tradicionales y de los consumidores. Para superar esta barrera, es necesario impulsar campañas de sensibilización y educación sobre la importancia de la bioeconomía y sus impactos positivos en la sostenibilidad. Además, el apoyo institucional y la colaboración entre distintos sectores (agroalimentario, químico, energético) serán clave para fortalecer la adopción de productos bio-basados y consolidar la industria de las biorrefinerías en España.

2.4 Proyecciones y oportunidades de crecimiento

El futuro de las biorrefinerías en España presenta un horizonte de crecimiento impulsado por la necesidad de reducir la dependencia de los combustibles fósiles, cumplir con los objetivos climáticos de la UE y promover una bioeconomía circular y sostenible. Se prevé que, en las próximas dos décadas, el país pueda consolidarse como un referente en la producción de biocombustibles avanzados, bioproductos químicos y materiales biodegradables, siempre que se superen los desafíos existentes y se fortalezcan las políticas de apoyo al sector.

Expansión del mercado de biocombustibles y bioproductos

- Uno de los principales motores de crecimiento de las biorrefinerías en España es la creciente demanda de biocombustibles avanzados, especialmente en sectores como el transporte marítimo y la aviación. La normativa europea está impulsando el uso de Sustainable Aviation Fuels (SAF) y biocombustibles de segunda generación para reducir las emisiones de CO_2 en el sector del transporte. España, con su gran capacidad de producción de biomasa y residuos agrícolas, tiene el potencial de convertirse en un productor clave de bioetanol, biodiésel avanzado y biogás para el mercado europeo. Además, se espera un aumento en la producción de bioplásticos y biomateriales, dada la creciente presión para reducir el uso de plásticos convencionales. Se proyecta que el mercado de biopolímeros experimente un crecimiento significativo en los próximos años, con aplicaciones en la industria del embalaje, la construcción y la automoción. España cuenta con industrias químicas y biotecnológicas que pueden aprovechar esta oportunidad para diversificar su producción y ofrecer soluciones sostenibles a nivel global.

Inversión en I+D+i y nuevas oportunidades industriales

- El fortalecimiento del sector de las biorrefinerías en España requiere una mayor inversión en investigación, desarrollo e innovación (I+D+i). Actualmente, existen programas europeos y nacionales que financian el desarrollo de nuevas tecnologías para mejorar la eficiencia de los procesos de conversión de biomasa. La integración de tecnologías emergentes, como la fermentación enzimática avanzada, la conversión catalítica de biomasa y la optimización de los procesos de gasificación y pirólisis, será clave para hacer que las biorrefinerías sean más competitivas y rentables. En este contexto, se están promoviendo proyectos piloto y plantas de demostración, que servirán como referencia para futuras inversiones industriales. Se espera que en la próxima década, España pueda consolidar un ecosistema de biorrefinerías a nivel regional, integrando a sectores estratégicos como la agroindustria, la química sostenible y la generación de energía renovable.

Integración con la bioeconomía y políticas de apoyo

- El crecimiento de las biorrefinerías en España dependerá en gran medida del apoyo gubernamental y del marco regulador. La Estrategia Española de Bioeconomía y los planes de la UE para impulsar la economía circular ofrecen un marco favorable para la expansión del sector. Sin embargo, es necesario que se implementen incentivos específicos, como subvenciones para la producción de biocombustibles avanzados, reducciones fiscales para la inversión en biotecnología y programas de apoyo a la innovación en bioindustrias. Además, el sector de las biorrefinerías tiene el potencial de generar empleo y desarrollo económico en zonas rurales, contribuyendo a la revitalización de áreas despobladas a través del aprovechamiento de recursos biomásicos locales. Esto supone una oportunidad para que España fortalezca su independencia energética y reduzca su huella de carbono mientras impulsa una economía más verde y sostenible.

3. CONTRIBUCIÓN A LOS OBJETIVOS DE DESARROLLO SOSTENIBLE

Los ODS, también conocidos como Objetivos Globales, establecen un llamamiento universal a la acción para poner fin a la pobreza, proteger el planeta y mejorar las vidas y las perspectivas de las personas en todo el mundo. (Naciones Unidas, 2022). En 2015, la Asamblea General de las Naciones Unidas aprobó la Agenda 2030 para el desarrollo sostenible. Esta

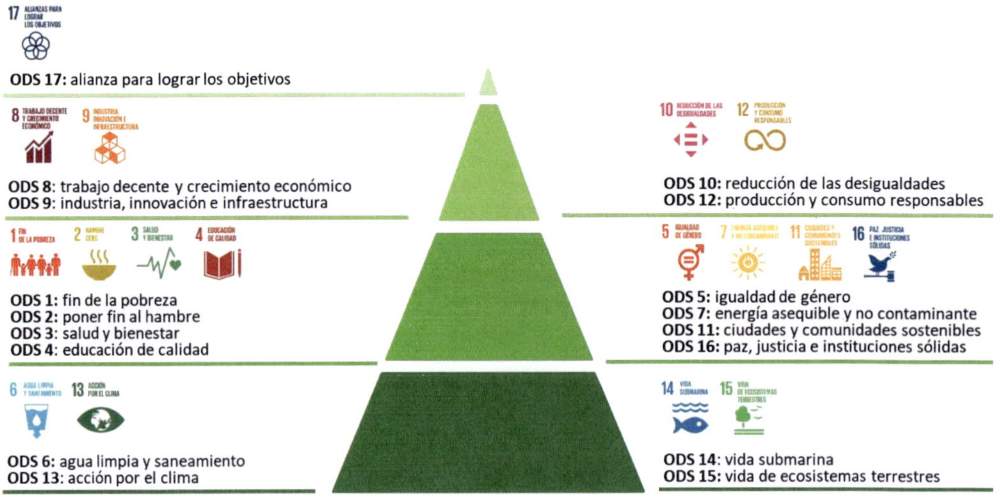

FIGURA 9.3.
Objetivos de desarrollo sostenible propuestos por la Agenda 2030 de las Naciones Unidas (elaboración propia con imágenes de Wikimedia Commons, 2022).

agenda incluye 17 ODS, desglosados en 169 metas de carácter universal, integradas e indivisibles, que constituyen un plan de acción ambicioso para alcanzar el desarrollo sostenible en sus tres vertientes: social, económica y ambiental, con el objetivo de lograrse antes del año 2030 (Figura 9.3).

Los ODS relacionados con los recursos naturales se consideran la base de la organización de los mismos ya que se centran en la protección, conservación, restauración y uso sostenible de fuentes naturales críticas. El cumplimiento de estos ODS está relacionado con la implementación directa de políticas de protección ambiental a nivel nacional e internacional. Y los ODS de producción y consumo sostenibles se pueden lograr mediante la transición de combustibles fósiles al uso de recursos renovables.

La sostenibilidad se basa en el estado final de un sistema después de implantar estrategias para mejorarlo y debe existir un equilibrio social, económico y ambiental. En este sentido, la bioeconomía es un cambio necesario para alcanzar la sostenibilidad. Por eso, el empleo de recursos renovables en todas las cadenas productivas de un proceso, siguiendo el concepto de bioeconomía, permitiría alcanzar la sostenibilidad al mismo tiempo que contribuiría a la consecución de los ODS (Aristizábal-Marulanda *et al.,* (2021).

En este contexto, la biomasa se presenta como un recurso renovable clave para facilitar la transición de España hacia una bioeconomía circular, lo que impulsaría su crecimiento económico. De igual manera, la implementación de biorrefinerías sostenibles en España capaces de producir bioproductos junto con bioenergía y biocombustibles, sería un motor fundamental para esa transformación y, al mismo tiempo, contribuiría al logro de los ODS establecidos en la Agenda 2030.

La Tabla 9.2 presenta los Objetivos de Desarrollo Sostenible (ODS) a los que la implementación de biorrefinerías en España contribuiría de manera más significativa.

TABLA 9.2.

Objetivos de Desarrollo Sostenible (ODS) y metas a los que contribuye el desarrollo de biorrefinerías en España.

ODS	Metas
1 FIN DE LA POBREZA	• Erradicación de la pobreza extrema. • Reducción de la pobreza relativa en todas sus dimensiones.
2 HAMBRE CERO	• Duplicación de productividad e ingresos agrícolas a pequeña escala. • Prácticas agrícolas sostenibles y resilientes. • 2.C. Control de la volatilidad de precios de los alimentos.
4 EDUCACIÓN DE CALIDAD	• 4.7. Fomentar la educación Global para el Desarrollo Sostenible.
5 IGUALDAD DE GÉNERO	• 5.5. Asegurar la participación plena de la mujer e igualdad oportunidades. • 5.A. Asegurar la igualdad de derechos a los recursos económicos.
6 AGUA LIMPIA Y SANEAMIENTO	• 6.4. Aumentar el uso eficiente de recursos hídricos (extracción de agua dulce).
7 ENERGÍA ASEQUIBLE Y NO CONTAMINANTE	• 7.1. Garantizar acceso universal a energía. • 7.2. Aumento de las energías renovables.
8 TRABAJO DECENTE Y CRECIMIENTO ECONÓMICO	• 8.4. Mejora de la producción y consumo eficiente y respetuoso. • 8.B. Desarrollo de la estrategia mundial para empleo juvenil.

ODS	Metas
9 INDUSTRIA, INNOVACIÓN E INFRAESTRUCTURA	• 9.1. Desarrollo de Infraestructura sostenible. • 9.3. Aumento del acceso PYMES a servicios financieros y cadenas de valor. • 9.4. Modernización de la infraestructura, tecnología limpia. • 9.5. Aumento de la investigación científica, capacidad tecnológica. • 9.B. Desarrollo de la tecnología, investigación e innovación.
12 PRODUCCIÓN Y CONSUMO RESPONSABLES	• 12.2. Lograr el uso eficiente de recursos naturales. • 12.3. Reducción del desperdicio de alimentos. • 12.6. Adopción de prácticas sostenibles en empresas. • 12.A. Fortalecimiento de ciencia y tecnología para sostenibilidad.
13 ACCIÓN POR EL CLIMA	• 13.2. Incorporación del cambio climático en políticas, estrategias y planes nacionales. • 13.A. Movilización de recursos económicos.

Actualmente, la energía juega un papel fundamental en el crecimiento económico de la sociedad y de la bioeconomía. El uso de biomasa podría ser clave para equilibrar la emisión de carbono neto y favorecería la transición energética, entendida como el cambio hacia un modelo energético que reemplace las fuentes convencionales de energía por alternativas renovables. En este sentido, la implementación de biorrefinerías en España contribuiría a la consecución del Objetivo 7 que busca "Garantizar el acceso a una energía asequible, segura y sostenible". Las biorrefinerías, impulsadas por energía renovable, representan una solución prometedora para proporcionar energía confiable y económica tanto a comunidades rurales como urbanas. Además, permiten una producción descentralizada de energía a través de sistemas como digestores anaeróbicos, gasificadores y motores de combustión interna de biodiesel.

El Objetivo 7 está estrechamente vinculado con otros objetivos, especialmente con el Objetivo 1 (poner fin a la pobreza), el Objetivo 2 (fin del hambre y seguridad alimentaria), el Objetivo 3 (salud y bienestar), el Objetivo 8 (trabajo decente y crecimiento económico), el Objetivo 10 (reducción de las desigualdades), el Objetivo 12 (producción y consumo sostenible) y el Objetivo 13 (acción por el clima). Esto ocurre porque la transición energética tiene el potencial de incrementar la creación de empleos, promover una mayor conciencia social sobre el uso responsable de la energía, disminuir la explotación desmedida de los recursos naturales y apoyar la lucha contra el cambio climático.

El desarrollo de biorrefinerías en España contribuiría directamente al cumplimiento del Objetivo 1 y del Objetivo 2, ya que la conversión eficiente de energía y materias primas representa una solución prometedora para mejorar el acceso a la calefacción y la electricidad en las zonas urbanas y, especialmente, en las rurales en el futuro.

Esta iniciativa se vincula directamente con el Objetivo 8. El impulso de biorrefinerías en España podría ser clave para aumentar los ingresos de los agricultores y crear nuevas oportunidades laborales a partir de la conversión de productos agrícolas no comercializables. Estos empleos estarían disponibles para personas con diferentes niveles de formación y serían inclusivos, sin distinción de sexo. Esta característica es especialmente relevante, dado que las mujeres enfrentan una difícil situación en el mercado laboral, marcada por la brecha salarial y la falta de conciliación de la vida laboral y familiar. El Objetivo 12 también estaría directamente relacionado con el Objetivo 8 debido a que la construcción de nuevas instalaciones requiere un aumento del número de personas dedicadas a la investigación y el desarrollo de nuevas tecnologías, lo que promovería la industrialización e innovación del país. Todo esto contribuiría al cumplimiento del Objetivo 5, que facilitaría la mejora del bienestar y las condiciones de vida de la población española, al tiempo que ayudaría a reducir las desigualdades sociales y de género.

El cambio climático es el problema ambiental más preocupante en la actualidad que afecta a todos los países y produce efectos negativos en su economía y en la calidad de vida de las personas. En España para afrontar este problema se adoptan múltiples medidas, como la incorporación masiva de fuentes de energía renovables y la utilización de electricidad con origen limpio o eficiencia energética en hogares y edificios. En este contexto, el desarrollo de biorrefinerías multiproducto en nuestro país y el uso de biomasa permitiría tener una actividad económica más sostenible y respetuosa con el medio ambiente. La producción de bioenergía y bioproductos a partir de fuentes renovables, como la biomasa, utilizando tecnologías para la captura de dióxido de carbono, podría ser un elemento fundamental en los esfuerzos para mitigar el cambio climático, contribuyendo a alcanzar los objetivos de neutralidad de carbono e incluso generar balances negativos de carbono. (Galán-Martín *et al.*, 2022).

Estas acciones contribuirían directamente con el Objetivo 13, facilitando la transición hacia una bioeconomía circular. Este modelo económico implicaría una notable reducción de desechos y residuos, lo que permitiría que la producción y el consumo de productos sean más sostenibles, disminuyendo la contaminación y mejorando la calidad de vida. Además, este hecho se encuentra directamente relacionado con el Objetivo 12 ya que las pérdidas de alimentos en España pueden reducirse introduciendo biorrefinerías de diversos residuos alimentarios para producir, mediante una cadena productiva específica, productos de alto valor añadido mediante tecnologías de extracción y conversión. Además, una agricultura sostenible puede aplicarse para reducir el uso de agroquímicos lo que propiciaría el cuidado del medio ambiente.

En cuanto al Objetivo 6, las biorrefinerías pueden promover un aumento en la eficiencia del uso del agua para producir productos de valor agregado a través de la integración masiva. Además, estas instalaciones pueden diseñarse considerando los ciclos del agua (Aristizábal-Marulanda *et al.,* 2021).

CONCLUSIONES

1. Las biorrefinerías son fundamentales para avanzar hacia una bioeconomía circular y sostenible, reduciendo la dependencia de los combustibles fósiles mediante el uso de residuos agroindustriales y urbanos.
2. La expansión comercial de las biorrefinerías enfrenta obstáculos importantes debido a los elevados costes de inversión, la escasa financiación específica y las barreras regulatorias que dificultan su implantación.
3. España cuenta con un notable potencial para convertirse en líder europeo en bioeconomía gracias a su abundante biomasa y capacidades tecnológicas, aunque necesita políticas de apoyo e incentivos más sólidos.
4. La adopción de tecnologías como la fermentación enzimática, la pirólisis y la gasificación, junto con la colaboración entre sectores industriales, permitirá mejorar la eficiencia y reducir costes de producción.
5. Se prevé que, para 2030, el 90 % de los productos fósiles puedan sustituirse por alternativas bio-basadas, lo que supondrá una transformación relevante de los mercados de materiales y energía.
6. Es prioritario fortalecer el marco normativo y establecer mecanismos de financiación, como subsidios y créditos blandos, que faciliten la inversión en nuevas plantas de biorrefinería.
7. El impulso de certificaciones ecológicas y políticas de compras sostenibles resultará clave para consolidar la demanda de bioproductos y fomentar su aceptación por parte de consumidores e industrias.
8. El desarrollo de biorrefinerías contribuye directamente al cumplimiento de los Objetivos de Desarrollo Sostenible, promoviendo la energía limpia, el crecimiento económico, la producción responsable y la acción climática.

BIBLIOGRAFÍA

Arias, A., Feijoo, G. y Moreira, M. T. (2023): "Biorefineries as a driver for sustainability: Key aspects, actual development and future prospects". *Journal of Cleaner Production*, 418, 137925.

Aristizábal-Marulanda, V., Solarte-Toro, J. C. y Cardona Alzate, C. A. (2021): "Study of biorefineries based on experimental data: production of bioethanol, biogas, syngas, and electricity using coffee-cut stems as raw material". *Environmental Science and Pollution Research*, 28, 24590–24604.

Cabello, M. C. (2021): "Biorrefinerías". 1, 86–93.

Galán-Martín, Á., Contreras, M. M., Romero, I., Ruiz, E., Bueno-Rodríguez, S., Eliche-Quesada, D. y Castro-Galiano, E. (2022): "The potential role of olive groves to deliver carbon dioxide removal in a carbon-neutral Europe: Opportunities and challenges". *Renewable and Sustainable Energy Reviews*, 165, 112609.

Palgan, Y. V. y McCormick, K. (2016): "Biorefineries in Sweden: Perspectives on the opportunities, challenges and future". *Biofuels, Bioproducts and Biorefining*, 10, 523–533.

Shahid, M. K., Batool, A., Kashif, A., Nawaz, M. H., Aslam, M., Iqbal, N. y Choi, Y. (2021): "Biofuels and biorefineries: Development, application and future perspectives emphasizing the environmental and economic aspects". *Journal of Environmental Management*, 297, 113268.

Documentos institucionales y técnicos:

MINECO. Ministerio de Economía, Industria y Competitividad (2017): "Manual de las Biorrefinerías en España". https://www.suschem-es.org/docum/pb/2017/publicaciones/Manual_de_Biorrefinerias_en_Espana_feb_2017.pdf

Programa para el Desarrollo de las Naciones Unidas (2022): "Sustainable Development Goals". https://www.undp.org/sustainable-development-goals

Pascual, A. y Vargas, F. (2018): "Modelo de biorrefinería agroalimentaria". https://www.cajamar.es/storage/documents/2016-03-17-01-biorefineria-de-residuos-agricolas-y-ganaderos-andres-pascual-1461931212-543bd.pdf